过去的，过不去的，

辜负的，被辜负的，

时间仓仓皇皇，

幸福慌慌张张，

记忆从来不是战场，

我从没想过输赢。

有 些 痛 ， 总 有 一 天 我 们 会 懂

最后一杯酒喝完，
醉了，
絮絮叨叨很多话，
说了一整夜。
你走后的日子，
我却一直醒着，
等你回来说一句：
嗨，
丫头！

讲不出的故事，
让心疼了很久，
后来开了花结了果，
穿过一段岁月，
才知那是种子。

呼啸来去的时间，

是生命中的糖，

也是生命中的盐，

只要人生的火候一到，

就是一盘美味佳肴。

自信是一束光芒，

让一路向前的日子，

不惧怕风雨和挫折，

从容地走向明媚的远方，

去揭晓人生未知的精彩。

每个季节都通往春天，

每个方向都指明未来，

懦弱的人只会裹足不前，

风雨兼程的人会笑看花开。

唱过的歌记在心底，

喝过的酒留在唇边，

没有一段路是白白走过，

总会有一些人生的印迹，

抹不去，

刻成了岁月的里程碑。

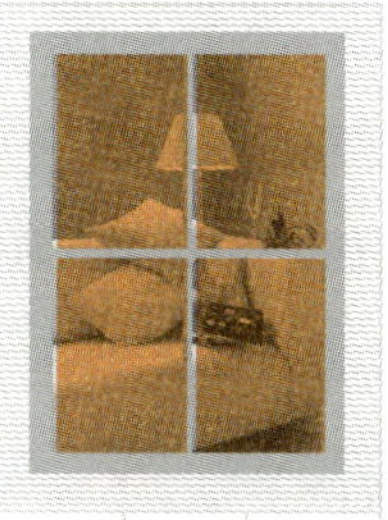

有些痛，总有一天我们会懂

第十二只猫 | 著

天津出版传媒集团
天津人民出版社

图书在版编目（CIP）数据

有些痛，总有一天我们会懂 / 第十二只猫著.--天津：天津人民出版社, 2016.6

ISBN 978-7-201-10274-0

Ⅰ.①有… Ⅱ.①第… Ⅲ.①人生哲学—通俗读物 Ⅳ.①B821-49

中国版本图书馆CIP数据核字（2016）第075415号

有些痛，总有一天我们会懂

YOUXIE TONG ZONGYOU YITIAN WOMEN HUI DONG

出　　版　天津人民出版社
出 版 人　黄　沛
地　　址　天津市和平区西康路35号康岳大厦
邮政编码　300051
邮购电话　（022）23332469
网　　址　http://www.tjrmcbs.com
电子信箱　tjrmcbs@126.com

责任编辑　陈　烨
选题策划　5biao
内文设计　邱兴赛
封面设计　尚书堂

制版印刷　北京华创印务有限公司
经　　销　新华书店
开　　本　880×1230毫米　1/32
印　　张　8
插　　页　8插页
字　　数　130千字
版次印次　2016年6月第1版　2018年7月第2次印刷
定　　价　35.00元

前言

从来不曾奢望，前方的每一段路都能潇洒从容地应对，跌跌撞撞应该也有一种说不出的美。为了抵达心底最向往的远方，为了遇见那个未知的自己，甘愿在晨曦中出发，跨过山跃过海去追逐，宁愿忍受风雨中的那些苦。生命是一趟说走就走的旅程，总有人让我们爱得奋不顾身，从来都不回避任性的选择，这或许就是青春本来该有的面貌。

“我遇见谁，会有怎样的对白”，人生的因缘际会，就像歌词说得那样难以捉摸。谁也没有办法安排你的人生，谁也不知道前面的路是好是坏；每一趟旅程都有不一样的故事，每一次相遇都有不一样的火花。不是每部电影都由悲剧收尾，不是每段恋情都有美好结局。狠狠地爱过，恣意地笑过，幸福像花儿般绽放过，这样的青春就是完整的。也许时光里难免有痛，难免有孤独，但是痛过的人生才更丰盈，你的所有孤独也会“虽败犹荣”。

不必恐惧岁月里的痛，那不是脑际的肿瘤，也不是身体的阑尾，那是时光拔节的声音，那是心灵最强大的号角。掠过岁月，日子中有舒心的暖与凉，也有不期而至的苦与痛。苦过，痛过，才算是感受了生命里最真实的滋味，才不枉千山万水般走遍的人生。没有人不是在痛中煎熬，又在痛中慢慢成熟，最后成长为那个更好的自己。

所有流过的泪，也许慢慢风干了，忘了疼和痛，再远的未来，如若初心在，总能安然抵达。

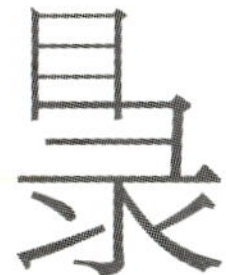

每一次受伤，都让我们学会成长

人很复杂，爱很简单

无顾忌的伤害背后，是无原则的爱

你的时间有限，不要为别人而活

第五章

如果你知道去哪儿，全世界都会为你让路

第六章

现在受的苦，必将照亮你的未来

第一章

CHAPTER 1

每一次受伤，都让我们学会成长

当初掏心掏肺，如今伤筋动骨

11月的天气，有一种后妈的味道。一阵凉风吹过，一片片枯黄的梧桐叶落地。有一片旋转着，旋转着，落到我跟前。我突然想到了那个名字叫吴桐的女孩。吴桐离开的时候，恰好也是梧桐落叶的季节。

去年上半年，为了单项资质申报的事，公司临时招了一批在本校读大四的学生帮忙。

这批学生一共有五人，三女两男，吴桐，是其中的一个。

我之所以注意到吴桐，是因为几乎每天她都是第一个来“上班”的，而她每次“上班”摁门铃，几乎都是我给她开的门，两人自然就熟络了。

那天，照样是我给她开的门。她一见我，就把拎着的塑料袋撑开举到我面前，笑嘻嘻地说：“王老师！吃橘子！”

是砂糖橘。

“今天是有什么喜事吗？这么高兴！”

“嗯！真的有！”吴桐抬脚进来，“我今天收到A单位的通知了！说我面试通过了！一毕业就可以去上班了！”

“哇！这么厉害！A单位可是你们这个专业的学生最想进的单位啊！”我夸张地叫着，但心里头也真的是替她高兴——这年头大学生工作不好找，尤其像A单位，更不是谁想进就能进的。

“不单我面试通过了！琳琳也通过了！”吴桐又补了一句，笑容更甜。

“琳琳？就是上回我在路上碰到的那个跟你在一起的女孩儿？”

“嗯！就是她！”

我之前下班的时候，在路上碰到过吴桐，和她在一起的那个女孩比她高半头，我印象很深。

“琳琳是我最好的朋友，我们大一分到了一个寝室，然后就成了好朋友。这次，给A单位投简历的据我所知至少上百人，可他们只要6个。我被录取了，琳琳也被录取了，我们又可以在一起了！真是太高兴啦！”吴桐拎着砂糖橘一蹦一跳走进会议室，打开电脑。

这批学生我们只临时“借用”了一个月，事情忙完后不久，他们也毕业离开了学校，彼此就没了联系。

去年下半年，梧桐落叶的季节，我去江汉路一带办事。事情办得很顺利，我看时间尚早，恰好那里有家星巴克，就走了进去，要了一杯半糖拿铁，在靠窗的位置一边喝咖啡，一边看街上的人流。

星巴克的人渐渐多了起来。忽然，我听到一个小心翼翼的声音："王老师？"

我扭回头一看，居然是半年未见的吴桐！

虽然我和她都在同一个城市，但能在这里偶遇还是觉得惊喜不已。我连忙站起身："吴桐？！快坐！这个点儿你怎么有空来喝咖啡？"我知道A单位是朝九晚五的上班制度，考勤严格，吴桐一个刚参加工作不到半年的实习生，按道理不可能在这个时间段出现在咖啡厅。

"我……离职了。"

"啊？这……"

"嗯。"吴桐打断我的话，说，"我去看下我的咖啡弄好了没。"说完就跑向吧台。过了好一会儿，她才捧着个咖啡杯朝我走了过来。

我知道，她是利用这一小会儿时间去想要不要跟我说些什么。

所以，当她在我对面坐下来后，我没有先开口。

"王老师，为什么一个人为了个人利益，竟然出卖另外一个人呢？哪怕被出卖的人是她最好的朋友？"终于，吴桐开口了。

自她说她离职了之后，我就预感到了什么，但没想到居然是这样的。

"难道是琳琳？"

"嗯。"吴桐点了点头，"我以为我们6个人在试用期满后，只要没有特别大的问题，都会转正——往年都是这样的。"吴桐看着我说。

我点了点头，表示确实是这样。

“但今年单位说试用期满后，会根据表现，只留下4个人。”

我知道吴桐肯定不是简单的没通过试用期而离的职，所以，我依旧等着她说。

然而，吴桐话锋一转，说：“大一那年我和琳琳成了最好的朋友。她家庭条件不好，生活费少，更别说有什么零花钱了。每次我买零食都是买双份——她一份我一份。甚至，我有时还会给她买衣服和生活用品。她生病了，我陪她去医院，替她去抓药，还熬粥给她喝。”说到这里，吴桐的眼圈儿红了，眼泪在眼眶里打着转，“我们这代人在家里哪做过什么家务啊？！我爸妈都没喝过我熬的粥。”说完，那强忍着的眼泪终于掉了下来。我拿起餐巾纸，替她擦眼泪。

她接过餐巾纸，自己胡乱地在脸上擦了下，然后挤出一丝不好意思的笑容，继续说：“现在想来，其实一直以来都是我一厢情愿。”

“一厢情愿”往往用在爱情上，却没想到用在友情上一样合适。

吴桐告诉我，大学期间，琳琳有什么事，不用她说，自己就会主动帮忙。自己帮不了的，还会想方设法找人帮她。而琳琳似乎从没帮吴桐做过什么。这也罢了，每年琳琳过生日，吴桐都会拿出提前省下的生活费，给对方买蛋糕和礼物，而自己的生日，琳琳每次都是只说一句“生日快乐！”。

“王老师，我不是个计较的人，这些我都没放在心上。可是，我没想到，她为了自己试用期结束以后有机会留在A单位，竟然偷了我的QQ聊天信息，然后……”

“偷了你的QQ聊天信息？怎么偷？”

“嗯……她猜出了我的QQ密码。”吴桐告诉我，因为工作需要，同事之间经常用邮箱收发文件，而自己因为和琳琳关系亲密，输入邮箱登录密码的时候从没想到回避。“可是我没想到，她居然用我的邮箱密码偷偷登录了我的QQ！也怪我的邮箱和QQ用的都是同一个密码。这样，我和A单位一个小领导之间的聊天记录就被她看到了。我和那个小领导确立了恋爱关系，虽然我们知道违反公司规定，但是感情来的时候，谁也没办法保持理智。可是琳琳居然把我和男朋友之间的QQ对话截图发给大领导看！”

吴桐讲到这里，我终于弄明白了事情的来龙去脉。

A单位准备在6个人的试用期结束以后，根据表现留下其中的4个人，琳琳利用自己知道吴桐跟A单位小领导谈恋爱违反公司规定的“筹码”，先把吴桐排挤出局，使得自己被留下的可能性得到提升。

听完吴桐的讲述，我唯有叹息：叹息琳琳的心机与无情，叹息吴桐的单纯与轻信。

不客气地说，正是因为当初吴桐对琳琳掏心掏肺，才换来如今她的伤筋动骨。我虽然不赞成把人都想得那么无情无义，但我也知道人心隔肚皮，一厢情愿地掏心掏肺，很容易最后伤了自己。

靠不断付出才能维系的友情不是真正的友情，我喜欢纯纯的、温温的、淡淡的友情。

又是一阵凉风吹过，我紧了紧大衣，给手机上了密码锁。

当初少给一杯热水，如今错过一片蓝海

2007年3月的一个傍晚，我在香港星光大道靠近尖沙咀公众码头的台阶上坐着。眼前是美丽的维多利亚港湾，一阵略带海腥味的风吹过，我裹了下披肩。

周围稀稀拉拉地坐了不少人。一句港式普通话在我右侧耳边响起："我可以坐这里吗？"我扭头，发现是刚才一直坐在我右侧的一个男性在说话。他四十多岁的样子，正看着我，一脸善意的笑。我也笑了："你不是已经坐了吗？"

他问我是从内地哪里来的，我告诉他我从武汉来，他说他只是听说过，没去过，也不了解。当我告诉他武汉很大，有八千四百多平方千米、人口一千多万时，他"哇"了一声，说："你是说武汉只是一个城市？居然只比香港小一点点？人口比香港还多？我一定找机会去看看。"

"好哇，武汉有著名的黄鹤楼，有东湖……"

“黄鹤楼在武汉吗？那我更要去了！只是，如果我去了，可不可以找你？”

“不可以。”

“为什么？”

“因为你是男的，我是女的，你千里迢迢去找我，我会误会的。”

“你居然说你会误会？！而不是说你的男友或先生会误会……哈哈！你好风趣哦！”

“朋友们都说我风趣。”我也笑了。

他笑得更大声了。就这样，我们聊了下去。

我们那天虽然聊了很多，但没有互问姓名，所以，为了下面行文方便，我用“Q先生”指代他。

Q先生问我为什么一个人坐在台阶上，是不是有什么不开心的事。

我说我不是一个人来的，是跟先生一起来游玩的，本来说好他陪我逛商场，只是两个人闹了点儿别扭，他一生气躲在酒店不出来了，而我一个人没了逛商场的兴趣，就坐到台阶上来吹风了。

也许Q先生面善，也许我一个人在香港生闷气需要找个倾诉者，居然跟他聊起自己跟先生闹别扭的原因了。

我说我先生之前接到他哥们儿的一个电话——借钱的，据说要结婚盖房子，一开口就是8万。

我跟Q先生说，我并不是个不通情理的女人，如果家里正好有闲钱我也愿意借，毕竟是先生的哥们儿。但恰好我家也刚买了房，根本没闲钱。这种情况下，我让先生给对方说明一下难处就行了。可我先生不，他要把股票里的钱倒出来借给对方。可现在股票下跌，取出来就亏了，表面上是借出8万，其实等于是借出十多万。但那哥们儿即使到时能还钱，肯定也只还8万元。

Q先生说："我不了解你先生跟他哥们儿之间到底是怎样的一种关系，所以我也不好妄下断语。不过，不是有句话说：要结束一段友谊，就找朋友借钱。我对你们内地的货币还是有些了解的，8万元对于普通家庭来说不算小数目。"

"谁说不是呢！他那哥们儿也有意思，他住小县城，那儿地便宜，我问过，一幢房子建起来才18万，他居然开口借8万！这不是一半的房子都由我们出钱吗？"

"我理解你，"Q先生说，"不过，你先生应该有他的想法与判断。"

"我先生小时候是农村的，很穷，读中学时在县城，认识了那哥们儿。那哥们儿没少在经济上帮他。我先生说，如果不是那哥们儿，自己读不读得完初中都不知道。所以，我先生跟哥们儿感情好，我是理解的，我也说过，如果我正好有闲钱，我也愿意借。可目前不是没有吗？"

"你知道我为什么也一个人坐在这里吹风吗？"Q先生话题突然一转，问我道。

"啊？不好意思，我只顾讲我自己的事情了。您也是有什么不顺心的事吗？”

“我自己开公司，规模不是很大，可也养了一百多人。最近公司遇到了一点儿问题。正好前几天联系到了一笔业务，如果我把这笔业务做成了，公司就能救活了。可是，我把这笔本来可以到手的生意给弄丢了。”Q先生说这话的时候，眼睛一直望着江对面，不知是在看灯火还是看邮轮，目光游离而伤心。

“我不懂生意，也不知道怎么安慰您。但我知道，做生意肯定是有亏有挣，有谈成的，也有谈丢的，所以……”

“道理是这么个道理。只是这单生意丢了，我的公司就不可能起死回生了。而跟我谈生意的人还是个旧识。唉！如果不是旧识，也许就谈成了。”

“与您是旧识？过去有过节？”

“也谈不上是过节。”

Q先生告诉我，十几年前，他还没有自己开公司，而是在内地一家中日合资公司当高管，他的普通话就是在那个时期学的。

有一次，他们公司接了一批活，本来时间并不是很紧的，他们如期交了货，结果因为质量问题被要求返工。而返工，时间就非常非常紧了。如果不能在规定时间内交出质量过关的货，他们公司将赔付一大笔违约金，所以，所有的人都被调动起来加班。恰好那时候，有一个小组长，提出预支三个月薪资，说他外婆住院了，要请假去照看外婆。

“在当时所有工人都需要加班的特殊情况下，我肯定不能批他的假。他不单是小组长，还是小组的技术负责人，要是批准他请假离开，他们组出现任何技术上的问题，都要从别的组调人过来看。

“其实，我不拒绝他预支薪资，只是表示不能批准他请假。

“而他强调自己是外婆养大的，还没为外婆做过什么。这次外婆病重住院，他无论如何也要回去照看。

“但我无论如何也不批准。最后，他说不干了，要求结算工资走人。

“现在想来，我当时确实挺过分的。他来预支薪水，证明是缺钱，而我因为生气，找着他辞职没按合同要求提前一个月写辞职报告这条理由，该发给他的当月工资也没发给他。”

Q先生讲到这里，对我苦笑了一下。

“所以，您刚才说的那单生意就是和这个您当年没批假，还扣了人家工资的人谈的，对吗？”

“是。我现在懊恼，倒不完全是因为这单生意没谈成，还懊恼我当年犯的错。”

“严格来说，您当时不批准他请假，虽然有点儿不近人情，但也不算错——只是他请假的时机不对罢了。而且他说不干就不干了，您扣他的工资也占得住理呀！”

“道理上来讲是这么回事，但法理不外乎人情——连法律都能酌情网开一面，我当时的处置确实有点儿过了。这次我谈生意的时候才知道，那小伙子从小没了父亲，他母亲为了赚钱一直在外面打工，挣得也不多，偶尔才会给他寄点儿钱。他可以说是外婆一手拉扯大的。那年他外婆得的是急症，医院等着钱开刀做手术，他没地方弄钱，才找我预支，我却没批。而他，为了救外婆，迫不得已偷别人钱包……”

“啊！”我惊叫出声。

“不过，他拿走钱包里的钱以后，在钱包里留下了一张事先写好的字条，上面写明了他之所以那么做的原因，并承诺，钱就当是借的，将来一定还，同时留下了自己的电话和姓名。”

“哦，这样。这么说，那个被偷的人没报警？”我长出了一口气。

“是啊，幸亏她没报警，否则，我将终生悔恨哪！”Q先生也长出了一口气，“那个女人不但没报警，还被小伙子的孝心打动，主动联系了他，不仅没提钱的事，还给了他一份工作。他也算是运气好，跟着那个女人干到现在，已经是区域经理了，所以，才会有与我的会谈。”

Q先生停顿了一下，接着说：“这算不幸之中的万幸了。如果他偷窃的时候被发现，失主会相信他的偷窃理由吗？所以，有的时候，真的是牵一发动全身。而当初如果我预支给他薪资，批准他请假，即便他日后离开了我的公司，以他现在的身份跟我谈生意，这单生意肯定能谈成。唉！当初少给一杯热水，如今错失一片蓝海。我的公司要申请破产了，一百多名员工，都将失业。”Q先生讲到这里站了起来：“生活不是电视剧对不对？如果是电视剧，我可能突然接到他的电话，说可以同我做这单生意；或者，你恰好跟他熟识，关系不错，说服他，同意与我做这单生意。呵呵，不过这是不可能的。姑娘，再见！”

Q先生离开了，背影显得那么孤独。

我一直在品味Q先生说的那句话——“当初少给一杯热水，如今错失一片蓝海”。我知道，他讲这个故事也许仅仅像我一样，想找个人倾诉；也许，是针对我跟先生闹别扭的事才讲的。但不管他是出于什么原因，我都再一次认清了一个道理：雪中送炭永远比锦上添花对朋友重要。

想想我先生的朋友也属于大龄了，他因为结婚跟我们借钱……就按照我先生的意思办吧。我们不能一边渴盼辉煌，一边拒绝受累；不能一边嫉妒他人，一边表示不屑；一边宣扬真诚，一边上演虚伪……想到这儿，我站起身，返回酒店。

一时的妥协，多年的悔恨

洛洛书吧卖书、租书，也提供卡座让人看书，当然，也顺带卖些茶水、点心。

那是个雨雪霏霏的天气，洛洛那个该死的又找了个理由不看店，让我守着。

我坐在卡座上写我的稿。突然，大门处的风铃“叮当”一响。我抬眼一看，进来一个头发有些花白、六十岁左右的老人。

“你这里有什么酒？”老人问我。

“酒？大爷，我这不是酒吧，是书吧，卖书，不卖酒。”

“那这附近哪有卖酒的？”

“这附近好像真没卖酒的，得去超市或者餐馆。”

“哦，你这里还提供茶水、点心，”那大爷打量着小店，“那你给我来壶热茶吧。”他说着就自个儿找了个地方坐下来，开始问我小店生意如何。

我最初是有一点点烦的，因为我的稿刚写了一半，而且我不觉得我跟他有什么话题可聊，但我没想到，居然从他那听来一个——嗯，怎么说呢——有曲折，有阴暗，但好歹最后是有阳光的故事。

为了讲述方便，我给故事中的人物都起了名字。

故事中，老爷子的儿子叫胡志凯，他坚决要娶的不能生育的女子叫李凤华。

李凤华是南昌人，师范毕业后也不知怎么的被分到青石来了。青石是武汉郊区下面的一个小镇。

当年李凤华的到来，可给青石镇带来一道靓丽的风景。等着献殷勤的小伙子多了去了，李凤华最后却嫁给了相貌虽出众但工作一般、家境一般的张波，让小镇青年好一阵失望。当初李凤华的父母不同意这门婚事，专程从南昌“打”了过来，但架不住李凤华以死相迫，才同意成婚。当初那个热闹哇！可以说，青石镇上凡是超过8岁的居民，对李凤华的事情都一清二楚。

婚后，李凤华怀上了孩子。这可把张波一家人高兴坏了，那把李凤华伺候得跟个娘娘似的。可是没承想，几个月后李凤华把孩子给打掉了，打掉后过了两年也没再怀上。去医院一查，说是怀不上了。这样一来，张波的父母就不干了——本来在李凤华打掉孩子后的两年里就没给什么好脸色看，一听再也怀不上了，索性就天天大喊大骂，说当初还以为她是只凤凰呢，原来却是只不会下蛋的母鸡！反正怎么难听怎么说。最后，张波和李凤华离了婚。离婚后的李凤华辞了工作，不知去向。

可谁也没想到，这李凤华转来转去还是转不开青石镇，现在的结婚对象居然就是从小生活在青石镇的胡志凯！

胡志凯是个医生，原工作单位在市内一家医院。据老爷子讲，胡志凯在那家医院工作的时间并不长，然后到区里的一家女子医院工作了。事后老爷子才知道，这个女子医院的老板是胡志凯在市里医院当医生时带他的老师。

老爷子讲到这里，愤愤地说：“那是什么狗屁老师！我儿子就是因为他，才做下了悔恨一生的错事。”

原来，胡志凯刚去市里那家医院实习的时候，被分到那个医生的名下。有一次，来了一名照B超的妇女，按道理应该是那个医生做，或者胡志凯做，医生在旁边监督，都行。但那个医生偷懒，直接让胡志凯做了。胡志凯照出来的结果是女人子宫内长了瘤。当把结果单拿给那个医生时，对方看都没看就在处置单上签字。结果，等给女人做手术的时候，胡志凯才发现，对方根本不是子宫内长了瘤，真的是怀了胎！但是为时已晚。

胡志凯当时悔恨交加——那是个健康的胚胎，就这样被自己残害了。胡志凯想要向女人承认误诊，但被那个医生阻止了。医生说，虽然字是自己签的，但操作者是胡志凯，如果胡志凯承认误诊，自己大不了受点儿处分，而胡志凯这辈子就别想再做医生了，接着又安慰胡志凯，说那女人将来还能生育，就当这回是做了一次人流，云云。

胡志凯最终妥协了。

过了几年后，那个医生跟胡志凯说有人给他出资，在区里开了一家女子医院，他在那儿管事，想请胡志凯过去。胡志凯去了。

这女子医院请的医生也都是正规医生，本来正常经营也挺好的，但坏就坏在那个医生心术不正。

产检里面有一个项目叫唐氏筛查，简称唐筛。在女子医院里做这项检查的孕妇，但凡年纪大点儿的或体质差点儿的，检查结果全由那个医生信口说了算——不正常的肯定不正常，正常的也被告知不正常。唐筛检查不正常，意味着孩子将来出现先天愚型的可能性大大增加。这样一来，没有哪对准父母不焦急万分的。这时，那个医生会安慰他们——可以再做一个复检，如果还是显示高危的话，就再做个羊水穿刺或胎儿染色体检查什么的，这样的把握就大了。

那个医生做这种事就是为了多收费。当然，这事不是他一个人做的，负责检查的操作医生是别人（也包括胡志凯），他只负责对孕妇解释检查结果单。

过了很久，包括胡志凯在内的医生才知道那个医生做的这种缺德事，但想着他虽然赚钱不干净，但还算不上伤天害理，而且，更重要的是，自己给孕妇做的检查，真要把事情捅出去，谁都脱不了干系。于是，就都明哲保身，装作不知道。

可是有一天，正好是胡志凯和那个医生在产检科室值班，李凤华走了进来。

那个医生告诉李凤华唐筛值太低，保不准是唐筛高危病人，孩子生下来会先天痴呆，建议再做做染色体检查什么的。

当时陪李凤华一起来的还有一个老女人，是李凤华的婆婆。那老女人问胡志凯做染色体检查要多少钱，胡志凯告诉她要三千块。老女人没再说话，拉起李凤华就走了。

胡志凯没有意识到，那个医生为了多收费说的一句假话害了李凤华一生。

没过多久，胡志凯就把这事儿忘了。

可是两年后的一天，胡志凯所在的女子医院来了个找工作的年轻女人。听谈吐，那女人受过文化教育，相貌也出众，却应征清洁工工作。这让胡志凯很好奇。通过聊天，胡志凯越来越心惊：他猛地想起眼前的女人就是两年前被医生告知唐筛值太低，建议再做染色体检查，而被婆婆拉走的那个孕妇。

其实，一般孕妇被那个医生说成是唐筛高危病人，大都选择复检——或在女子医院，或去市里别的医院。

胡志凯没想到，当年，李凤华的婆婆想一个染色体检查居然要三千块，且检查了还不见得胎儿就一定正常……反正儿子和媳妇还年轻，过个一年半载再怀一个也不晚。于是李凤华就被婆婆带到小诊所做了人流。那手术差点儿要了李凤华的命。虽然最后命保住了，但受孕的几率非常小。

“我儿子当时知道了这件事，很震惊，没把李凤华留在医院里工作，而是托朋友帮忙在别处找了份工作。然后他开始搜集证据，把那个医生告了，医院也整改了。这事说起来过去有两三年了，我儿子也不再做医生了，跟那个李凤华在外面一起打工。可我儿子居然爱上了李凤华！这不，跟我们表态说非她不娶！说实话，他娶谁不娶谁，我们都没有理由干涉，可是娶一个没法生育的离了婚的女人……真不知道他是怎么想的……唉！”

听完这个故事，我第一反应就是一句话：一步错，步步错。

胡志凯在实习的时候，给人做B超出现误诊，事后本想承认错误，但在那个医生的哄劝胁迫下，妥协了。这是他犯下的第一个错。第二个错是他在女子医院，明知道那个医生为了敛财，把正常孕妇说成高危孕妇，但为了明哲保身，他又一次置身事外。

好在，当胡志凯最终了解到李凤华的不幸遭遇后，认识到那个医生信口解释检查结论，不仅导致接受检查者破财，还剥夺其幸福的时候，他选择站了出来，尽自己最大的能力去赎罪，这也是不幸之中的万幸吧。

“唉！”我也随那老人叹了一口气。

一时的妥协，多年的悔恨。我可以想象，胡志凯在将来的日子里，无论生活好坏，他都不会忘记当初的教训。

老先生离开了，我没收他的茶钱，因为他儿子的故事比茶钱“贵”很多很多。

只怪自己看不清，是人是鬼分不清

最早的时候，你并不熟悉这座城市，你甚至摸得到心底那种无法融入的恐慌和彷徨。

你说自己随时做好了离开的准备，可不知从什么时候起，你有了第一个爱过你的人，第一个你爱过的人，你爱上了这座城市，舍不得离开。

我去看望小离，小离不在，却见到了她的室友刘思思。

我对刘思思并不陌生，她和小离在大学时就是同学。

刘思思来自湖北西部一个偏远的小县城，她进大学那年，也是第一次来武汉。只一眼，她就爱上了这座不算是特别繁华，却特别亲切的城市：遍地的小吃，遍地的商店，遍地的美女。刘思思也是美女，只是略带着小地方的拘谨之气，故而显得有些土气。她想，有一天，自己一定会变成一个自信且新潮的美女。

她做到了，只用了一年时间。

小离曾告诉我，如果自己是在大二的时候认识刘思思，一定以为对方是个来自大城市的姑娘。那种张扬，那种自信，那种美丽，是只有见过世面的姑娘才具备的。

在大学里，漂亮的姑娘从来不缺追求者。刘思思的追求者中不乏高富帅、体育健将、校园风流人物，甚至还有校外的时尚白领，但最终她选择了貌不出众、才不惊人的周晓军。

周晓军打动刘思思的，是在一件事情上体现出来的体贴周到。

那是在开学之初，因为教师节，学校在礼堂搞文艺会演。节目结束后，小离站起身准备跟刘思思离开，却只见刘思思刚站起来，脸色大变，马上又坐了下去！小离一问，才知道刘思思突然来了“大姨妈”，裙子弄脏了！

两人急坏了！

这时，有一件T恤从刘思思的背后递了过来，是周晓军的。只见他光着个膀子，一脸羞涩。羞涩不是因为他帮助刘思思，而是因为他赤裸了上身。刘思思感激地一笑，接过那件T恤围在了腰间。自此，周晓军走进了刘思思的心。

周晓军学习不差，但还谈不上优秀；话不多，但为人比较细心，是个暖男。

“暖男”一词这两年比较流行，本义是指能给人带来温暖的男人，可是我越来越发现，这种男人，往往暖的不是一个女人。

在快毕业那一年，学校有几个保送读研的名额。刘思思因为成绩好，在名单之列，而其他的几个学习好的，有的家里已经给安排了工作，有的准备出国，就让出了名额。这样排下来，居然使得周晓军也赫然入列，虽然位居末位。然而上天和周晓军开了个玩笑，之前放弃了名额的一个同学转变心意，又接受了保研名额。幸运之手在挥到周晓军的面前时，戛然而止。

保送名单里，巧的是除了刘思思外，其他的学生都不是本系的，大家并不认识。

这些，都是小离讲给我的。

故事听到这里，我猜出了大概：周晓军为了得到保送读研名额，肯定在背后捣了鬼，挤掉刘思思，成全自己了。

一问，果不其然。

“周晓军就是垃圾！刘思思总说他对自己好，其实那家伙对谁都那样。那是他的处世手腕。可是偏偏刘思思看不清，总认为周晓军心地善良、人缘好。天知道关键时刻那个人渣居然干出这样的事来！”小离说到“周晓军”三个字时，咬牙切齿，似乎被伤害的人不是刘思思而是她自己。

和周晓军分手后不久，刘思思毕业离校了——没有选择继续考研，去到一家公司上班。然后就和小离合租了这间两居室。

“咦？你们打算搬家吗？”我看到客厅地上放着一个纸箱和两个大旅行箱，塞得满满当当的。

“不是搬家，是我要回去了。”刘思思对我说。我才注意到她的面色不太好，很疲惫的样子。

“为什么要回去？你在这里不是干得好好的，不刚被提拔了吗？而且，你不是说过一定要在这个城市安家的吗？”女人的好奇心是没办法控制住的，虽然刘思思走不走不关我的事，但我还是没办法不把心中的疑问说出来。

刘思思叹了一口气，找了把椅子给我，自己坐在一堆书上：“我回去只是休息几天，然后，去北京，或者上海，广州也可以。”她的目光落在掉漆的墙壁上。

我知道，肯定有什么事发生了。但是她不主动说，我也不方便问。

“能让一个女孩伤透了心的城市，一定有一个她曾经深爱过的人吧？”我自言自语。

刘思思似乎愣了愣，使劲地摇头：“不，不是！”然后停了下，又说，“不知道！”说完，眼泪就掉了下来。

她把头低了下去，埋在双臂里，肩膀一上一下地耸动着。

我站起身拍了拍她的肩，不知道该说什么。

过了一小会儿，刘思思抬起头来，用袖子擦了擦眼泪，突然对我笑了，说：“姐，我给你讲个段子吧。”

段子是这样的——

大学四年，他没有给过她任何承诺。回家的列车上，她有15站，他有31站。

她上车说："我到站的时候，叫我。"然后倒头就睡。

不知过了多久，她被他叫醒了，却已过了她下车的站。

他说："跟我回家吧。"

她忍不住扑哧一笑，眼泪跟着掉了下来，害羞地点了点头。

她跟着他去了生他养他的那个小山村……

她被他卖给了隔壁的吴老二。

这个段子并不新鲜，我在网上看过。不到两百字的小故事，让看的人先是笑，然后是伤，再然后是伤中带泪。

"信任，有时就是这么可笑。"刘思思喃喃自语，接着说，"姐，我给你讲讲我的事吧。"

刚参加工作那会儿，因为周晓军带给刘思思的伤害，促使她成了独行侠，做好分内工作就下班，除非工作上的事，从不主动与人说话。

这样，同事们都跟她保持距离。时间长了，就出现了排挤她的现象。

有一天，一个很重要的资料出了大问题，全办公室的人都被老板骂，有人就把责任推到刘思思身上。老板正在气头上，根本不做思考及判断，劈头盖脸就骂刘思思，是王亮替刘思思说了句公道话。

刘思思讲到这里，又停了一下。

我似乎猜到了什么。

一个溺水的人抓到任何东西都不会放手，即便抓到的是一根稻草。说公道话的王亮被刘思思抓住了，虽然他是有妇之夫，但刘思思开始不知道。

当刘思思知道对方是已婚身份的时候，已经晚了。女人一旦付出了感情和身体，哪是一句“面对现实”就能收手的？但道德伦理又不能让刘思思再往前进一步。

刘思思在心里做了无数个决断，却终究断不了。

那天，临近下班的点，刘思思因为还有约会，就迟了一点儿走。空空的办公室内只剩下刘思思和一个张姓大姐在。说她是大姐，其实也不大，不过才三十来岁。这时，刘思思的电话响了。

“嗯，可是……既然这样，你以后都不要再打电话给我了！再见！”刘思思只说了这么几句话就挂断了，但眼泪却不受控制地流了出来。那天，是刘思思的生日。本来，王亮说要陪她过生日的。为了不让办公室的人知道他们的关系，王亮特意先走一步，去订酒店。没想到，他突然又打来电话，说老婆的娘家有点儿事，他得过去一趟。

尽管办公室内还有一个人在，刘思思的眼泪却怎么也控制不住：原来自己只是王亮空余时间的消遣，哪怕对方娘家有事他都能推翻陪自己过生日的承诺！

心，怎能不痛！

却，无法言说——她，连发火的资本也没有。

“怎么了？”看到异样的张大姐走了过来，递上纸巾。

“没什么。”刘思思擦了擦眼泪，并没打算多说。那时，她和那个张大姐还不熟。

“你怎么还没走？”刘思思顺嘴问了句。

没想到张大姐“呵呵”了一声，然后说：“回去还不是一个人？冷冷清清的，不是上网就是看电视，还不如在办公室，至少有免费空调可以蹭。”这语气空虚且落寞，对，是落寞。

“走，我知道有家地方的粥很好喝，咱们一起去吃饭。”张大姐热情地邀约刘思思。

“我不去了。我这里有方便面，一会儿泡一碗就行。新产品的计划书我还没做好，我也蹭下公司的空调，把它做好再走。”

张大姐一听，并没有继续邀约，而是也留了下来，一边在自己电脑上捣鼓着什么，一边与刘思思闲聊。

是张大姐起的头，她说她结婚5年了，因为跟老公都是从农村来的，为了攒钱买房，暂时还没要孩子。这两年，老公的事业有了起色，钱是赚多了，可是一天到晚却难得见到个人影。

“也不怕你笑话，我跟我老公一个星期可能都说不上一句话。每天晚上吧，他到家的时候我都睡着了；第二天我出门时，他还没起床。唉，只有到了周末，偶尔他能在家吃顿饭。天知道他在外面有没有其他的女人。我们都好久没那啥了。”

那天，她们聊了很多，等出门时，都半夜12点了。

“你把你跟王亮的事跟那个什么张大姐说了？”我问。

“嗯。”刘思思点了点头，又说，“不止。”

“啊！那……”

“我没想到，一个才30岁的女人居然有那样狠毒的心机。”刘思思笑了下，自嘲的成分多过气愤。

刘思思告诉我，当天晚上，那个张大姐估计利用她上卫生间的机会，把她电脑里新做的计划书给备份了。那份计划书是新产品研发策划方案，因为觉得还有可以修改的地方，刘思思是过了一两天才上交的。没想到那个张大姐早就在自己的策划上进行了加工处理，抢先上交了。当领导问起这两个方案怎么如此相似之时，那个张姓女人居然反咬一口，说刘思思抄袭，还说上次的方案就是她的，被刘思思给偷了，只是当时苦于没有证据，她才忍气吞声。这次，她说自己有备而来，从手机调出一段刘思思动她电脑的视频给领导看。

“居然还有视频？！这……”我很惊诧。

“她曾非常热情地邀请我看她电脑里的艺术照，我就去看了。其间她说要去倒水，离开了那么一小会儿。谁知道……她不但让我没办法继续干下去了，王亮，也干不下去了。”刘思思讲到这里，又笑了一下，“呵呵，估计王亮肯定恨死我了。这样也好，也算是给我们之间的关系做了个了断。”说完，刘思思站起身，继续收拾她的行李。

“信任，有时就是这么可笑。”我想到了刘思思给我讲那个段子的用意。

可是，这关信任的事吗？

段子中的女孩确实是中了信任的毒，但要追根溯源，是她不会看人。大学四年，她没摸透对方的真实感情；大学四年，她也没看清对方的真实面目。

而刘思思呢？不也如此吗？从周晓军到王亮，从王亮到那个张姓女人，她始终错把“鬼”看成人。

在错误的道路上坚持，不是执着是固执

我在徐东附近住了十多年，居然一直不知道团结大道那儿有家叫戴维营的酒吧。我还不知道，这家酒吧偶尔会有乐队来表演。当然，我对武汉的各种草根乐队就更一无所知了。但小离讲起来却头头是道，什么盖亚主唱很漂亮，什么玄音幻的原创很不错，什么天空的管弦很厉害……不过，她讲得最多的还是时空乐队，她说时空乐队的主唱吉他弹得很好。

我有些哭笑不得，说："我虽然不懂音乐，但既然是搞音乐做乐队，那要么应该会创作，要么就应该唱得好吧？主唱吉他弹得好这算什么？"

小离只是羞涩地一笑，然后说："主唱是周周。"

"啊？"我一时没反应过来，但很快我就"啊！"了一声，恍然大悟："周周是……"

"不，不是！"小离慌乱地打断我，生怕我把后面的话说出来，然后紧接着说，“这是我最后一次来看他表演，你，到时帮我和乐队拍个照。”

听她这样一说，我便知趣不再多问。

老实说，我真的不太懂音乐，可我也知道周周真的唱得很一般，而且全是翻唱。但小离听得似乎很入神，一会儿跟着摇头晃脑，一会儿大喊大叫，并让我拍了N多照。酒吧内人不多，所以小离就特别显眼。台上的周周冲着小离笑，还挥挥手，并在表演的空隙打手势给小离，只不过，我没看懂他的手势在说啥。

当周周深情地开唱汪峰的歌《当我想你的时候》时，小离拉着我离开了。

“不听了？”我问。

“不听了。”小离点点头。

“周周给你打手势说的什么？”

小离低着头不回答。

“现在去哪？”

小离就抬起头来，茫然地四处看，像是突然发现这里有家卖水果的铺子一样，她急冲冲地走过去，对老板说：“老板，葡萄怎么卖？”

老板：“十块。”

小离：“八块！”

老板：“九块！”

小离：“七块！”

老板：“八块！”

小离：“来二斤！”

一旁赶到的我被小离的神还价逗得“扑哧”一声就乐了。

小离却哭了。

她说，她还价的方法是跟周周学的。

4年前，小离读大四，周周也读大四。同一个学校的学生，却在临近毕业前夕才相识，因缘就是还价。那天，周周去买葡萄，小离在一旁看苹果。那个时候小离还不知道男孩叫周周，只听到这个帅气的男孩问老板葡萄怎么卖，老板说：“十块。”男孩就说：“八块！”老板：“九块！”男孩：“七块！”老板：“八块！”男孩连忙说：“来二斤！”一旁的小离如我今天一样“扑哧”一声就笑了，本想说“老板，八块我也要两斤”，却说成“八斤我也要两块”。

就这样，小离认识了周周。

这一晚，小离的话题就没离开过周周。她说，周周很喜欢音乐，也很执着，这几年一直坚持做乐队，四处表演。

我说：“你是说你读大四的时候认识他的，那他现在除了音乐外，有其他的工作吗？”

小离摇了摇头，说：“没有。”

我皱了皱眉：“我刚才也看了他们的表演，水平真的很一般，这样的水平只能作为业余爱好喜欢一下，是不可能做到专业水平的。你不得不承认，有些事，光靠努力是没用的，比如音乐，比如写作，等等。要做好这些事，除了坚持和努力，还得需要一定的天赋。听你介绍，他搞乐队也已经有三年多了，为什么他还看不清自己的能力，还要在这条路上坚持呢？”

小离没回话，半晌才说：“至少，他的吉他弹得很好。”

我也半晌没说话，然后又忍不住问：“据说搞音乐很花钱，他一直没工作，钱从哪来的？他家里支持他吗？”

小离停顿了一下，没有直接回答，然后说：“我给你讲个故事吧。”

小离的故事从4年前讲起，故事中的男女主人公没有名字，只用男孩和女孩来代替，但我知道，男孩就是周周，女孩当然是小离。

4年前，因为一次巧合，女孩认识了男孩，很快，他们就成了好朋友，时间长了，女孩就喜欢上了男孩。

男孩喜欢音乐，女孩除了喜欢听歌并不懂音乐，但因为喜欢男孩，也就跟着喜欢。大学毕业，他们都留在了这座城市。女孩找了一份工资不高也不低的工作，男孩四处投了简历，却总是找不到合适的工作。要么是男孩嫌对方的待遇太差，要么就是对方嫌男孩的资历不够。转眼半年过去，男孩干脆放弃了继续找工作的念头，跟以前学校同样爱好音乐的师弟们组了一支乐队，有时在街头表演，有时去酒吧献唱。偶尔也能挣几个钱，但基本上是只有出没有进。

那个时候，男孩的父母还能接济一下他，而女孩也经常给男孩买吃穿生活用品。

这座城市很大，男孩和他的乐队就四处表演，偶尔还会参加电视台的选秀节目。男孩有个愿望，他要让这座城市的所有人都认识他，认识他的乐队。

这三年多来，乐队的成员一直在变换，唯一不换的是男孩，还有一个不变的就是女孩。女孩几乎观看了男孩的每场表演，她最喜欢听男孩说："妞儿，我要去汉口表演，你一定要去，有你在，我才能发挥得更好。"每每这个时候，女孩都跟喝了蜜似的，一直甜到心窝窝里。

乐队的其他成员也跟着男孩叫女孩"妞儿"。每次，他们一看到女孩来了，就会喊："我们的妞儿来了！妞儿，帮我们买点儿盒饭来好吗？"女孩就兴高采烈地去给他们买盒饭——当然，没人会把盒饭钱给她，包括男孩。

女孩却心甘情愿地贴钱跑腿，因为，有爱，什么都不会计较。但偶尔，她也会难过，难过于男孩从来没对自己说过"我喜欢你"之类的话，但是每每女孩都会认为这是两个人的心照不宣，根本不用明说。看，男孩也会在自己生日的时候送上生日礼物的嘛。至于情人节礼物，他只是太穷。这样想过后，女孩又会开心了。

几个月前，乐队的鼓手又换了人，这次是个长头发的女孩刘。刘总是喜欢披散着一头长发，每次敲鼓的时候，一头乌黑的长发会随着节奏一起舞动，非常迷人。

有一天，女孩连续加了几天班，终于抽出空来去看男孩，男孩正在排练。男孩一见女孩来了，远远地从台上跳下来朝女孩挥手。

等女孩走近了，男孩笑嘻嘻地对女孩说：“妞儿，怎么好几天没来了？过来，我给你介绍个人。”说完，他就返回去，把长发女孩刘从架子鼓后面拉了出来，带到女孩面前说：“妞儿，刘答应做我女朋友了。怎么样，你哥们儿牛吧？”说完还搂着刘的腰，在她脸颊亲了一下，然后回头对乐队其他成员喊：“今天就到此为止，我媳妇说她想吃麻辣烫。走，妞儿，一起吃麻辣烫去，我请客。”

在那一刻，女孩清清楚楚地听到自己的心“哐当”一声，从高处落到深渊，疼得半天发不出声音来。最后，女孩强挤出一个惨白的笑容说：“我这两天身体一直不舒服，今天刚好了一点儿才来看你们。但麻辣烫我不能去吃了，你们去吧。”

男孩并没有多挽留，呼喝着搂着刘的腰离开了。

与男孩认识了4年，男孩从来没对女孩说过她是他的女朋友。而对外人，也只说女孩是他的“妞儿”。一直以来，女孩认为一个男孩肯对外人介绍一个女孩是她的“妞儿”，那就是承认她是他的女人的意思，所以，女孩也一直以为自己是男孩的女朋友。——他没有说过“我喜欢你”，只是因为他不喜欢说。而如今，一句“我媳妇”让女孩心如刀割。

“原来，所有的念念不忘不过是我一个人的一厢情愿，不爱就是不爱，没有任何理由。只是，是我一直不知道！”小离将故事讲到这里，喃喃地念了一句，然后眼泪就无声地掉落下来。我第一次看到有人把眼泪流成这个样子，如没关紧的水龙头一样源源不断。我也第一次体会到了什么叫“扑簌簌”一词，眼泪顺着脸颊流到下巴处，再滴落到桌子，很快就将桌面打湿了一块。但她始终没有呜咽——人到伤心处，就真的发不出声音来了吧？

在错误的道路上坚持，不是执着是固执。我一直以为故事中的周周因为看不清自己的能力，而在错误的道路上坚持了三四年，白白浪费了青春。其实，我错了。周周确实是看不清自己，用世俗的眼光来看，他也确实浪费了青春。但，至少，他做的是自己喜欢的事。而真正错的是小离，在一个根本不喜欢自己的人身上坚持了4年，这才是真正的浪费青春。

第二章

CHAPTER 2

人很复杂，爱很简单

有些痛，总有一天我们会[illegible]

心若不死，爱会重生

莫莫在抽烟，明灭的烟头在夜空下一闪一闪的，像不怀好意的眼睛。

我陪她站着。

莫莫说："连安静都嫁了，还嫁得不错。为什么我就剩下了呢？"

我说："是啊！"

"安静没我漂亮。"

"是啊！"

"安静没我能干。"

"是啊！"

"安静性格也没我好。"

"是啊！"

莫莫说："可是连安静都嫁了，还嫁得不错。"

“是啊！”

“可是为什么我就剩下了呢？”

“是啊！”

“你能不能不说‘是啊’！”莫莫把烟头往地上一吐，吼道。

“能。”

于是一片安静。

“继续说啊！”莫莫的吼声比刚才还大。

“说什么？”

莫莫用一种看陌生人的眼神盯了我半晌，然后说了句：“靠，亏我还想从你这儿听点儿啥。”说完，就要回房间。

房内灯火通明，人声鼎沸，今天是我们同学聚会的日子。当年五十多个同学这次来了三十多个，虽然都没有带家属，但饭桌上大家都已经知道，除了几个事业有成的男士还没成家外，女人中，除了莫莫，全嫁了。

是呀，我们这批人年龄都不小了，结婚早的同学，孩子都快早恋了，也难怪莫莫心情不佳，一个人跑到阳台上来抽烟。

“你想听什么？我要说的话早就对你说过，你听进去了吗？”

莫莫准备拉门的手停住了。

她静静地站了一会儿，说：“把自己放低一点儿，难道真的错了？”

“错了！非常错！”

“到底怎样才是对的呢？”莫莫喃喃地说，眼睛看着远处的点点灯光。

若干年前，莫莫还在读大学，青春靓丽，喜欢打扮。追求她的男孩很多，可她一个也看不上。她说，她要找个有钱又帅气的男人。那个时候还没流行“高富帅”一词，但莫莫已经在心里给自己将来的男人定了位。

可是，命运却偏偏跟莫莫开了个玩笑。

在一次与男生寝室做联谊活动时，她认识了高她一届的薛冬。

薛冬是沈阳人，说着一口与赵本山极为相似的东北话，他也喜欢模仿赵本山，赵本山的几个经典小品都被他模仿得惟妙惟肖，往往逗得大家哈哈大笑。

那天，薛冬要表演赵本山和宋丹丹的小品《昨天　今天　明天》，他自然是黑土，可是没白云啊，他随手一拉，就把莫莫给拉过去了，用神似赵本山的声音说：“这是我们家老母（小品中一句经典台词）！”场下顿时笑趴了一群人。莫莫也跟着笑，笑完了用拳头捶薛冬：“你才是老母呢！”

薛冬夸张得大叫：“哎呀！不得了啦！老母打老公了，谋杀亲夫了啊！”

最终，小品没能正常上演，但那天的笑声绝对不亚于我们第一次观看《昨天　今天　明天》。

薛冬长得不高，但还算帅气，钱，就没什么了。别说富，连小康都够不上。据说他还有个兄弟，也在读大学，而父母，一人下岗，一人只是小学教师。

但爱情是奇妙的，不是用大脑能想明白的。

莫莫因为那一次游戏性质的表演对薛冬心生好感，随着时间的推移，这好感越来越甚，最后干脆发展成喜欢了。

我们都以为一段好姻缘就此开始，无奈落花有意，流水无情。薛冬似乎对莫莫并不热心，但也不拒绝，态度暧昧。这种状况最让女人抓狂。要么你就明明白白拒绝，让人死心；要么你就接受对方，皆大欢喜。偏偏这种不主动、不拒绝的态度让莫莫欲罢不能：放弃吧，对方好像对自己有意；不放弃吧，对方又经常不联系自己。虽然作为局外人的我们，都看得明白——薛冬不过是把她当“备胎”，所以就劝莫莫趁早放弃（当然，“备胎”一词我们没敢对莫莫说），但作为局内人的莫莫却不肯接受我们的建议，继续不明不白地喜欢下去。

就这样像拉锯一样，两人拖了一年，终于有一天薛冬肯对莫莫说出“我喜欢你”四个字了，两人算是正式确定了恋爱关系。

我们一帮姐妹都认为薛冬肯定是跟另外一个吹了，这才接受莫莫的。但这又有什么关系呢？只要他们正式展开恋爱关系就好。

然而生活不是电视剧。

一年后，薛冬主动向莫莫提出分手，理由是莫莫条件太好，他配不上她。其实我们都知道，薛冬又有了新的女朋友。我们也不好责备薛冬什么，毕竟没有谁规定，爱了，就一定要在一起。好在薛冬这次也够坦荡，没有继续把莫莫当“备胎”，而是明确做了个了断。只是他不知道，对于莫莫这样一个爱情至上的女子，这是怎样的一个打击。

莫莫不久就知道了薛冬有了新女朋友的事。

“时间教会了我们很多东西，有些我们曾经认为根本没有的，比如爱情，后来发现它确确实实存在；有些我们深信不疑的，比如爱情，后来却明白它根本就没有。”

这段话是薛冬向莫莫提出分手一个月后，莫莫总结出来的。那一个月，莫莫整整瘦了10斤。

从此，莫莫学会了抽烟，学会了喝酒。

从此，莫莫不相信爱情，不相信自己。

从此，莫莫遇到比薛冬优秀的男人，就会想，连薛冬都能移情别恋，眼前的这个男人凭什么会喜欢我？即使他现在喜欢我，也不能保证将来还喜欢我。

从此，莫莫遇到不如薛冬的男人，压根就看不上。

偶尔有一次，莫莫抱着跟对方玩一玩的心态接受了一个她认为条件比不上薛冬的男人。结果，玩着玩着莫莫就对对方有了一些真感情，而对方却在莫莫游戏的态度中感受到了她的不用心，在莫莫刚准备用心去对待他的时候，提出了分手。

莫莫再次被抛弃。

虽然莫莫并没有付出多少真感情，但比上一次被薛冬抛弃给她的打击还要大。

之后，她学会了说脏话、粗话，甚至略带桃色的话题都能脱口而出。

她开始自闭，成天挂在网上，还学会了自嘲。如此怎能得到男士的喜爱呢？不被剩下才怪。

门“吱呀”一响，有人推开了阳台门，是周潮。

“咦？你们两位美女不进去跟大伙聊天，在这里说什么嘘嘘话（悄悄话）？”周潮的话是对我和莫莫说的，眼睛却只看着莫莫一个人。

我突然想起一个细节，大学期间，周潮跟我打听过莫莫，只是那时莫莫正跟薛冬谈恋爱，我也没多想。如今想来，难道……

正好一个男未婚，一个女未嫁，加上都是同学，双方知根知底，也许……

“这不是在等你吗？”我笑，一把把分别站在门内和门外的周潮与莫莫拉到了栏杆处，“你们聊，我上洗手间了。”说罢，我返回房间。

10分钟过去了，两人仍然在阳台没进房间。我暗自笑了。

冷漠不是个性，伤人也伤己

晚上近10点，我在广州黄埔大道的一家星巴克喝着咖啡，有人推门而入。一身酒气的他居然一进来就大叫着上酒，弄得几个服务员哭笑不得。待我仔细一看，却惊觉此位在咖啡厅要酒喝的奇人居然是我4年未见的林佳豪！在服务员的帮助下，我将其连拖带拽地弄到我的宾馆房间内。

“爱情那么多，真爱那么少。”——这是林佳豪躺在床上一直嘟囔的一句话。

看着他四仰八叉占着我的双人床，我很是无奈，不知晚间该如何度过。

我来广州是因为出差，不知林佳豪在广州是打工还是……也不知他还有没有其他朋友。虽然我跟他没什么交情，但总不能眼睁睁看着他在咖啡厅闹事。

林佳豪曾与我有过一段短暂的同事之情，因为长得帅且个性鲜明，所以我一眼就认出了他。

林佳豪的眉目还是一如往昔的清秀，身材还是那样固执地瘦着，肤色较以往健康了些。就在我看着床上的林佳豪一筹莫展，甚至准备去他身上摸手机的时候，他翻了个身，口齿不清地叫着：“水……”我赶紧拧开一瓶矿泉水给他灌下。他一口气灌下大半瓶后又摇摇晃晃去了卫生间。方便后，他站在卫生间门口，一只手搭在门框上，一只手朝我一指，胳膊就顺势掉到大腿处，问：“你是谁？”

嗯，我是谁？我要怎么跟他说？我说我是他的旧同事？他彼时嘴里的王老师？我此时才明白我一时的好心把他弄到这里来是个错误——他都不认识我了，而我也不知道该如何向他介绍自己。

“4年前，武汉……”

“哦？王老师？”

“嗯！嗯！嗯！是我！”我忙不迭地点头，很庆幸他认出了我。

我以为他会说点儿啥，诸如问我怎么在广州，或者问我他为什么会在宾馆房间之类的话。但他什么也没说，而是站在卫生间门口四处看，看了一小会儿后，也许是想起来了什么，摇摇晃晃就往外走。

直到走到房门前，他都没再说一句话。而我，一直就站在床前看着他，等他作势推门时，才问了一句：“你是要走吗？”

“嗯。”他似哼了一句，然后人就出去了。

我有些愣怔，似乎搞不清楚状况的是我不是他。

这个人，怎么还是这么有个性？

4年前，林佳豪在我上班的地方做了几个月，电话面试他的人就是我。他名牌大学毕业，有工作经验，各方面条件都不错。当我把这些情况向领导汇报了以后，就直接通知他过来上班了。

但是他只干满了试用期。不是能力不够，是他自己不想继续干了，领导这边也没挽留他。因为他跟我不在同一个部门，交道打得非常少，所以我也不知道他离开的具体原因。只是后来偶尔听到有人说他性格不太好，太有个性。——今天，我算亲身领教了一次。

第二天快中午了，就在我刚准备下楼吃午餐的时候，一开门就看到了林佳豪。他是来找手机的。在他找手机的空档，我跟他简单地聊了几句，知道他来广州已经三年多了。

“找到手机了！怎么掉这儿去了？”说完，林佳豪从床与床头柜之间的夹缝中拾起了手机。

“我正准备吃午餐，这附近有什么好吃的吗？要不，我请你？”我对林佳豪说。

“还是我请您吧，昨晚，谢谢您。”林佳豪有点儿不好意思地说。

“好吧，那也行。”

林佳豪说要带我去吃一个特色菜。我跟着他来到一个巷子口。巷子口有一对要饭的老夫妻：老太太躺在自制的木板车上，头发花白身体残疾，像是睡着了；老头头发胡子也都是白的。老头朝我们伸出那只脏兮兮的铝皮碗说：“行行好，给点儿钱吧。”

林佳豪看都没看那对老夫妻一眼，抬脚就要进巷子，我停了下来，在包里翻零钱。

“你干吗？别给他们钱！广州讨饭的太多了，好多是骗人的！有些人怕比你还富。”林佳豪估计没听到我的脚步声，才转回身对我说。

我当时翻了半天也没摸到零钱，林佳豪就在自己裤子口袋里摸了下，把一个一元硬币扔到老头的铝皮碗里，对我说：“行了行了，走吧。”

“等下。”我从钱包里抽出一张面值20元的纸钞递到了老头的手上。

老头一个劲儿地点头：“谢谢你啊！好人平安啊！”

我点了下头，与林佳豪离开了。

我们进了林佳豪说的那家有特色菜的饭店。

“你干吗给他那么多？新闻上都报道了那么多假乞丐……你要是心软，给一块钱就够了。”落座之后，林佳豪问我。

“我没你想的那么好心。我也不是什么乞丐都给的。如果是遇到年轻乞丐，哪怕他们身体轻度残疾，我也不给。因为他们完全可以自食其力。但遇到刚才那样的老人，哪怕是假乞丐，我也会给。因为他们都已经丧失了劳动能力，而且，二十块钱，对于一个乞丐来说算多的了，这钱也许够他们夫妻俩一餐的伙食费了。但拿出二十元钱给他们，对于我来说，就当是少喝半杯一杯咖啡，又有什么要紧呢？”

林佳豪半天不语。

“哦，对了，今天又不是周末，你不用上班的吗？”我突然想起这茬来，问。

“我和女朋友分手了，所以也失业了。”

“啊？这是什么逻辑？和女朋友分手为什么会失业？”

“我们一起开了个服装店，她出资要多一些，所以……”

“哦，是这样。那……你打算重新找工作吗？”

“不知道，但我想我可能不会去找工作。也不知道为什么，之前我换过几个工作，每个工作都干不长——不是我不想干，是我感觉同事们都不喜欢我。就有一次干得比较长，有两年多吧。不管是老板还是同事，对我的工作能力都是认可的，但当我们的课长辞职后，我以为老板会提拔我——老板也的确打算提拔我——结果一征求同事的意见，他们居然都投了反对票！我一气之下辞职了。之后就遇到了梅梅——就是我刚分手的女朋友。梅梅是本地人，她当时正想开个店找合伙人。然后，我们是在共同经营服装店的过程中恋爱的，但没想到，服装店刚开始赢利，我们就分手了。她总是说我为人太冷漠，不懂得关心人，可是我觉得我挺关心她的。她生病了，我一个人看店，抽空还给她送饭；下雨了，她没带伞，我会走十几分钟去给她送伞……”

林佳豪还讲了许多。确实，听他说的，他似乎对刚分手的女朋友挺关心的。

“不过，也许我确实在哪儿出了问题。”林佳豪突然话锋一转，“其实，在认识她之前，我还谈过两个女朋友，跟我分手的理由都一样——嫌我太冷漠。”

我一直只是听，插不上话，确切地说是不知道该说什么，因为我对他不太了解。

“王老师，梅梅她妈住院了，我说，‘那你今天别守店了，我一个人看，你去医院看下你妈’。您说，我这样还算冷漠吗？为什么梅梅觉得我冷漠呢？”

“是住院吗？那不是小病呢！也许梅梅认为你既然是她男朋友，应该陪她一起去医院看望一下她妈。”

“我去能有什么用呢？还不是傻乎乎地站一边陪着？有梅梅去看就行了啊？”

我一时语塞。我以为他会以“店里实在走不开”之类的话为自己开脱一下，却没想到他居然是认为自己去了也没什么用？！

“那你见过她父母吗？”

“见过一次，也算是确立了我们之间的关系。”

“那你们的关系已经很深了，这种情况下梅梅母亲住院了，你应该陪她去看望一下的。”我告诉他，去看望住院的准岳母既是对老人表达孝顺，更重要的也是表达对梅梅的重视与关心。

“啊？是这样？”林佳豪睁大眼睛看着我，“那还有一次，她说她家里的电视机出问题了，让我帮忙去看一下。我说我又不懂电器维修，看了也没用，让她叫售后。是不是这也让她认为我对她不关心？”

“当然啊！难道她自己不懂叫售后吗？女人想让男人帮自己干些私事，一则是表示跟这个男人关系亲近，二则也是想确定一下自己在男人心目中的地位啊！”

林佳豪如梦方醒。最后，他又问：“难道说，我每个工作都干不长，同事们都不太喜欢我，也是我对他们关心不够？”

“嗯，同事跟女朋友肯定不一样，你即使对同事关心不够，他们也不至于都不喜欢你，除非你很冷漠。”

“冷漠？可是，我不觉得自己冷漠啊！是我分内的工作，我肯定尽最大能力完成；不是我分内的工作，同事们偶尔需要帮忙，我又能帮得上的，也不是次次拒绝哇。就像您刚才说的，同事相处，我不至于对他们的私事给予特别关心吧？”

“嗯，确实，没人愿意私事被别人关注，可是，同事邀请你参加什么聚会，你是不是老拒绝？”

“对。我不喜欢闹哄哄的聚会。”

“那，同事结婚、迁居请你去，你去过吗？”

“没有。”

“那赶上同事升职，或生病，或家中老人去世，或添小孩之类的事情，你有过什么表示吗？哪怕是口头表示？”

“没有。”林佳豪又摇了摇头。

“那，如果你今天跟我说你跟你女朋友分手了，我一句安慰都没有，只问你哪家饭店的菜好吃，你做何感想？”。

林佳豪猛地抬起头来，似乎这句话触动了他的内心。

我不再说话，埋头吃饭。

“我终于明白了。”过了良久，林佳豪突然说，“我一直以为不谈论别人八卦，不关注别人私事，只干好自己的工作，是有思想、有品位、有个性的表现，却不知私事也有隐私和明私两种啊？”

“明私？这个说法倒是新鲜。”

“嗯，对。其实，我们想真正保护的是隐私。而明私，就是那些虽然是私事，但希望大家都知道、都参与的事。您刚才说的结婚、迁居、升职、请客、聚会、生病，甚至恋爱、失恋等都是明私，这些都是需要有人关注参与的。就像您刚才说的，如果我跟您说我刚失恋了，而您一句表示都没有，我也会觉得您自私冷漠。”

“呵呵，你懂了就好。也许，你并不是真的自私或者冷漠，你甚至还以为那是清高，是个性，是酷，但其实你没意识到自己的那些行为在别人眼里就是自私、冷漠。好了，我吃饱了，这家饭店的特色菜确实不错。本来想着你刚失业，这餐饭由我请，但我觉得，你今天收获不小，应该由你买单。”我用戏谑的口吻说。

“应该应该！我买单！”林佳豪一扫之前脸上的忧郁，快活地说。

人是多面的，别太相信自己的第一眼

“我相信，人与人之间是有磁场的，当我们面对陌生人的时候，这种感觉尤为明显。比如你会莫名地觉得跟某一个陌生人很投缘，但偶尔又会无端地讨厌一个陌生人，也许，这就是所谓的第一印象。觉得投缘的，如果是同性，你们可能会成为好友；如果是异性，可能会上演一段旷世情缘，否则，就不会有‘一见钟情’这个词了。但若第一眼就不喜欢对方，用什么词来形容？难道是‘一见生厌’？”

上面这段话不是我说的，是罗歌说的。

罗歌曾经是一家青春杂志的编辑，三个月前跳到了一家崭露头角的文化公司。

这家文化公司成立于20世纪90年代，但一直没什么成绩，中间还停了几年。2010年换了老总，改头换面重出江湖。也是运气好，签了一个作者，那个作者红了；签了一个小歌手，那歌手也小红了一下。于是，这文化公司跟着也红了。如今迁进了新大楼，细分了部门，就开始招兵买马。罗歌，就是这个时候去应聘的。她本是应聘文字方面编辑的，结果阴差阳错，面试官说唱片发行那边缺人手，问她干不干。她一看薪资不错，且工作难度也不大，就去了。

去了后，她才发现，这个发行部就三个人，其中两个是头儿。部长是位男性，姓刘，叫刘正，年龄不大，估计顶多30岁（事后罗歌知道刘部长才28岁）；一位副部长，是位女性，姓陶，叫陶红，35岁左右。小兵当然只有罗歌一个了。

而文章开头罗歌对我说的那番话，就是针对她新认识的这两位部长而言。

陶红是文化公司重出江湖时入职的，也就是2010年加入公司的。那个时候，公司办公面积只有两百多平方米，几间办公室，而包括老总、财务、发行等在内一共才13人。可以说，除了财务外，其他人员都是身兼多职。据说那个现在很火的作家就是当初陶红慧眼识人，与之签下第一本书的，用买断的形式。没想到书推出后狠狠地火了一把，由此，公司也狠狠地赚了一把。当时把老总给乐得，包了个大红包，并承诺公司一旦招兵买马，一定给陶红一个部门负责人的职位。

可没想到，公司经过四年多的摸爬滚打，如今真的在文化市场有了一定的名气，也搬新办公室了，也招兵买马了，老总却不守承诺，只给了陶红一个副部长的职位。若刘正是公司元老，一起奋斗上来的也就罢了，偏偏他只是个回国刚一年的留学博士，之前在另一家文化公司上班，据说是因为想潜规则一个新人，那新人大闹了一场，结果他干不下去了，才到了现在的文化公司。也不知道老总怎么想的，居然让这么个心术不正，且没什么经验的人当正部长。“唉，我都看不过眼。”说到这里，罗歌撇了撇嘴，摇了摇头，一脸的不屑。

“也许是能力特别强呢？或者是有什么背景？或者是老总的亲戚、朋友？再或者是不能得罪的关系户介绍进来的？”

“具体就不是很清楚了。反正吧，我刚到公司上班，第一眼见到这个人——还不知道这些情况的时候——就不喜欢他。他冷漠，派头十足，跟人说话脸上没有一点儿表情，眼睛又小，你都不知道他在盯着你哪儿。反正，若说这世上有一见钟情，就必定有一见生厌，他就是人证。”

“呵呵呵！”我看着罗歌笑。

“你别笑啊！我觉得是真的呢！凭什么能只一眼就喜欢上一个人，而不能只凭一眼就讨厌一个人呢？”罗歌的表情很认真。

“我不是笑你说的没道理啦，我只是笑你发明的‘一见生厌’这个词罢了。”我又笑。

罗歌也跟着笑了起来。

“相反，我对陶姐的印象非常不错。她长得漂亮，穿着得体，说话柔声细气的，跟我说话就像跟多年的老朋友说话一样，没有一点儿领导的架子。虽然细想起来，她吩咐给我的工作并不少，比刘正分配给我的还多，但我干得就是乐意。你不得不承认，这就是领导的艺术，对不对？并且啊，她脸上总是一副幸福、淡雅的神情，完全没把老总空降一个外行来领导她的事放在心上。我想，这是一个多么睿智的人哪！而且，我还相信，她一定有一个幸福的家庭，有一个爱她的老公，否则，她不可能有这样的气质。嗯，对，气质，娴静、淡雅，肯定就是形容陶姐这样的人的。”

“呵呵呵，你对你们这位副部长的评价挺高的嘛。”

“嗯，她是我崇拜的对象。我希望自己将来做一个像她一样的女人，不一定大富大贵，不一定挣多少钱或有多少成就，但能拥有一份事业，一个爱自己的老公，一个温暖的家庭，此生足矣！”

“足你个头啊！你这要求看似不高，其实高得很呢！”我打击着一脸幻想模样的罗歌。

“嘻嘻，难道想想都不行啊？再说，又不是不能实现的空想，还是有可能实现的嘛！”

“嗯，所以，你也好好跟你的陶姐学做女人，然后再擦亮眼睛找个靠谱的男人，就OK了。”

没想到3个月后，有一天罗歌突然在网上问我：“想不想听新闻？想不想听八卦？”

我连忙回：“想想想！什么八卦？速速道来！”

我看见网络那边的罗歌正在对话框里输入，一会儿又删除了，过了一会儿又输入，一会儿又删除了。反反复复弄了半天，结果就发来这么一句话：“唉，不是三言两语说得清楚的，中午我们去奥山世纪城见，我当面讲给你听。”

“唉哟，你这八卦看样子还蛮有看点喽！你这个当了几年文字编辑的人都不能三言两语说清楚。成，中午见。”

一见面，罗歌就迫不及待地说开了。

她这八卦不是哪个小明星闹点儿小绯闻，而是关于她的两个部长的。

故事由一张送到公司的法院传票开始。

这张传票的收件人是陶红——罗歌崇拜的女上司。

一张离婚传票。

“离婚传票？你不是说你的陶姐应该有个幸福的家庭和爱她的老公吗？这咋还把离婚闹上法庭了呢？且还是陶红老公想离婚，她不同意？”我一脸疑惑地看着罗歌。

罗歌表情委屈，故意皱着眉：“那不是我以前以为的嘛。”

“你不会告诉我，你说三言两语说不清的八卦就这事吧？”

“不是不是。嗯，是从这里开始，你听我给你慢慢说。”

陶红是本市人，而她老公来自一个偏远贫穷的农村，是个典型的“凤凰男”。当初他们是别人介绍认识的：陶红只是个高中毕业生，并无固定职业，一直四处打工，但好在人长得漂亮，且是本市人；她先生硕士毕业，分到公路系统，现在是一个中层领导。也许是因为互补的原因，二人见了面后都觉得对方不错，然后就顺理成章地结婚了，现在孩子也快10岁了。

陶红虽然是个城市姑娘，但一点儿也不娇气，为人又大度识大体，可以说，不管是做老婆还是当妈乃至儿媳，都没得挑。问题出在她老公身上。不知是不是应了“男人有钱就变坏”的说法，或者只是他单纯地管不住下半身，那个男人居然在外面有了人！这事，还被陶红给当场撞破了。陶红当时气得……什么话也没说就跑出了家。

陶红以为老公肯定会给她打电话，向她道歉，找一堆借口……就在她纠结于如果老公请求她原谅，该怎么办的时候，她老公的短信到了：既然你都知道了，那咱们离婚吧。

罗歌停了下来，而我已经一脸黑线：“结果，她反倒不想离了？否则那男人也不会闹到法庭上啊！”

“嗯嗯嗯！”罗歌使劲地点头。

“唉，一个家庭建立起来不容易，她想离或不想离都应该有她的考虑。但既然已经撞到眼前了，且那男人一点儿请求原谅或悔改的意思都没有，她就是有多大的理由，也没必要继续维持这个婚姻了啊！”我叹气道。

罗歌也沉默了。

我突然又抬起头来，“就这点儿事不至于在网上说不清楚吧？难不成你想讹我一餐饭？”

“哈哈哈！”罗歌突然就笑了起来，“这饭钱可是你提的，我可没想讹你，而且，绝对不是讹你，我还没讲完呢。”

罗歌接下来告诉我，陶红的老公要跟她离婚的事，在接到传票之前没人知道。她隐藏得很好，对人也还是一脸笑容。现在想来，她笑容背后其实是有着无限的落寞的，只是没人注意到。但这不是罗歌要讲的关键，关键是，也许是因为这些事，罗歌在与一个小歌手签合同的时候，没仔细看那个小歌手修改后发来的电子版合同，居然就打印出来并准备拿去盖章。是刘正发现了问题，这要是寄出去，后果不堪设想。还好刘正发现了，正跟陶红说这事的时候，老总恰好走了进来，理所当然大发雷霆，叱问这事谁办的，怎么会犯这种低级错误。

“你猜怎么着？我没想到刘正居然给担了下来，说是他的责任，他没仔细看。这，太不可思议了。”罗歌说，“我一直觉得刘正为人冷漠，喜欢端架子，却没想到当时他还能来个英雄救美，还是条汉子呢！”

“哼哼！是谁说有一种情况叫‘一见生厌’的？如今又说人家是条汉子？”我揶揄罗歌。

“嘻嘻，马有失蹄，人有走眼，算我看走眼了，行吧？”罗歌调皮地吐了下舌头。

“什么叫算你看走眼了？好像你就走眼这一次是的，你不也认为陶红有个温暖的家庭，且知性、识大体吗？首先，她的家庭已经破了，而她还在坚持这已经不能挽回的婚姻，这不是一个知性、识大体的人所为啊！有句话叫当放则放，这种情况下还不放，就是不明智，是跟自己过不去。”

“嗯嗯嗯，你说得非常有道理。”罗歌故意朝我竖起了大拇指。

“那是当然，就比如这人吧，也是有多面性的，别太相信自己的第一眼了，虽然直觉很重要，但了解才是更重要的。我相信，你们老总也不会无缘无故让刘正当正的，让陶红当副的，只是这里面的原因，你还不知道罢了。”

谁说不是呢，有的时候我们凭臆想，有的时候我们凭猜测，有的时候我们想当然，有的时候我们仅仅凭直觉，就对一个人下各种各样的判断，并坚信自己的判断是正确的，进而对当事人或爱或憎。想想看，这种做法多么荒唐可笑。

生活不止黑白两色，苛求完美属于精神中毒

那天我很忙，因为答应要交的一篇稿还一个字没写；那天我很闲，因为我一个字也没写出来；那天我很烦，在QQ上四处留言：“在吗？”

终于有人回话了：“在。”

我一看，是我的旧同学，静。

静说：“我在丽江。”

我说：“哦，你旅游去了啊？我没啥事，就是闲得想找人聊天。那你好好玩，不打扰你了。”

“我没旅游，我在这堵人呢。正好闲得慌，要不咱俩唠唠？”

“好啊，那就唠唠。你堵什么人？”

我没想到这次闲聊，居然听来一个故事，当然，这故事不是一天听全的，但也跨度不长，在两天内我就知道了结局，静也从丽江回来了。在征得她的同意后，我把她的事变成了这篇故事。

静和我年龄相差不大，只不过我孩子都打酱油了，她还是未婚女一个。不是静的条件不好，恰恰相反，是静的条件太好，对另一半要求太高太完美。

静大学毕业后去国外读硕士，之后在国外工作了两年，27岁回的国，工作单位是上海的一家风投公司，月薪两万多人民币。

静长得不算特别漂亮，但很有味道，身材不错，会打扮自己，再加上有好的学历和工作，使她举手投足间充满了自信。这样的女子，不吸引男人的目光都不可能。

可是，也许正是因为这样，静对于有意或无意接近她的异性也异常挑剔。不是嫌人家矮，就是嫌人家胖，要不就嫌长得丑，或者是工作不好，穷、俗、邋遢、不浪漫……总之是各种嫌，于是静渐渐地就成了"剩女"。

那些追过她和想追她的人都一个个被她从未来伴侣候选人中给划去了。用她的话说，反正她有钱有房有工作，也不急于找个依靠，所以，若不碰到自己认为对的那个人，就这样一直单身下去，没什么不好。

静没什么朋友，因为她总是嫌别人身上存在这样那样的毛病；跟同事的关系也不好，总觉得他们做事要么偷懒，要么不动脑子，要么没远见……总之，静活得比较自我。她也不觉得这样有什么不好，反正，自己有能力，不需要依靠任何人，在工作上能得到上司的认可就可以了。

就在静认为这辈子都不可能遇到那个对的人时，她遇到了凯。

那一次，静看中了几个年轻人开发的一个新项目，写下了详细的市场分析报告，准备做投资。静对于和凯的相遇讲得并不详细，总之是因为凯的帮助让静避免了这个错误投资，避免了上千万的损失。这个项目其实在静之前就有同事跟进，他们都知道这个项目的风险所在，却没有一个人肯对静说。所以，静对凯心生感激，进而渐渐发现了凯身上的各种好。

凯是那种温文尔雅的男人，精致，帅气，很细心，很有绅士风度，但做起事来却很有魄力，且同样有海外求学的经历，是一家合资公司的中方高管。这样的一个优质男人，让静关闭了三十余年的心门轰然倒塌。在那一刻，静听到了自己的心声：就是他！

可是，凯已经是别人的老公了。

但这又有什么关系？有人不是说只要努力，没有挖不倒的墙脚吗？当时的静觉得，活到三十多岁才碰到自己怦然心动的人，是命运的安排，是缘分。于是，静果断去探究凯的一切。静发现凯是典型的成功男人，而且是个温柔体贴型顾家男，更让自己松了一口气的是，凯的妻子是个很邋遢的女人。

当时的静完全被自己催眠了，认为只有自己才和凯匹配，只要自己主动出击，一定能把凯从那个邋遢女人身边“拯救”出来。

凯似乎也不跟静刻意保持距离，偶尔也会应静的约去吃顿饭，偶尔也会给静打来关心的电话，偶尔也会给静送上一份看不出是友谊还是爱情的礼物。

静认为，凯一定对自己有意，只是碍于有妇之夫的身份，跨越不了道德的坎，才不敢表白。静在自己假想出来的恋爱道路上越走越远，直到前几天，她打电话给凯，凯告诉她正陪妻子在云南旅游。静当时怒不可遏——自己的男人怎么能陪别的女人去旅游？当即订了飞机票赶去丽江。

静要对那个女人摊牌，让对方让位。

静说那天她打扮得很漂亮，化了精致的妆，当她还在等凯从宾馆出来的时候，她注意到每个从她身边经过的男人——甚至包括不少女人——都对她多看一眼。她知道自己的美在哪里，所以相当自信。

等凯和他的妻子从宾馆走出来后，静微笑而自信地朝他们走了过去，直截了当地对凯的妻子说："你好，我叫静，是喜欢你老公的女人。不过，他还没接受我，因为有你的存在。"

静当时看到凯的妻子先是惊讶继而愤怒，但愤怒里掩饰不住慌乱。正是那份慌乱给了静更大的自信——她骄傲地看向凯，没料到凯抢在妻子开腔前冲静吼道："你胡说什么？！"

那时的静居然出奇地镇定，她回答道："我没胡说什么。我喜欢你，你也喜欢我，我们俩才是最般配的。这个女人邋遢、难看，没文化，却霸占了你最好的年华，也该知足了，现在是请她让位的时候了。"

"然后呢？"我问。

"然后？然后凯和他的妻子请我喝咖啡。"静笑了一下说。我看到她的笑有些自嘲、无奈。

静说当她说完那番话后，凯没再愤怒，而是搂住妻子的肩膀，对静说：“你大老远来云南一趟也不容易，来，我们夫妻俩请你去喝咖啡。”

在喝咖啡的当儿，凯给静讲了自己和妻子的故事。

凯说他因为喜欢妻子的个性而主动追求她，继而走向婚姻。婚后凯才发现妻子有点儿邋遢，不拘小节，偶尔还会让自己在朋友面前难堪。当时凯确实有点儿介怀，希望妻子改掉毛病，干净一点儿，稳重一点儿。但妻子不以为然，说价值观相近、生活习惯相反的婚姻才最稳定、最有趣。凯没办法，只好听之任之。

婚后一年左右，凯突然得了场大病，生活不能自理，经常拉肚子，是妻子每天伺候他吃喝拉撒。亲朋好友都劝凯的妻子找护工，可凯的妻子却婉拒，笑说自己不介意。就这样，凯的妻子丝毫不嫌弃凯，每天耐心细致地照顾凯的饮食起居，整整半年。凯很受感动，心里一踏实，病居然奇迹般地好了。

“我病了整整半年，妻子就整整伺候了我半年。如果是你，你做得到吗？如果妻子也是一个像你这样，对任何事情都要求完美的人，我想她肯定不会伺候我那么久。那么……后果我不敢想象。”

凯平静地跟静说。

静讲到这里，对我笑了下：“凯说的没错，假如是我，我真的做不到。我一直以为金童要配玉女，郎才要配女貌，而我却不知道，婚姻，不过是人间烟火，是真真切切的柴米油盐、吃喝拉撒。这世上哪有什么完美？所有的完美都是自欺欺人，而我，中了完美主义的毒。我没朋友没恋人，连同事都不喜欢我，我以前一点儿也不介意，可现在越来越觉得自己做人很失败……”

是啊，这世上哪有什么完美，从来就没有完美的人、完美的事，只要拥有挚友，拥有真爱，人生就没有遗憾。

生活并不是非黑即白，非此即彼，大部分时候，“刚好”二字意味着事物处于自然的状态。寻找完美的工作，永远找不到；追寻完美的人际关系，注定独身到老。苛求完美属于精神中毒，它会摧毁人的一切快乐，让人跟所处的生活环境格格不入，如不及时收手，注定形单影只、顾影自怜、自生自灭。

我想静在这场单恋中，虽然以惨淡收场，但好歹意识到了自己的错误，这，也许是这场“缘分”最完美的结局。

如果只是喜欢，不要强说成爱

我有个高中女同学，叫吴念，那个时候她疯狂地“暗恋”着我们班的一位男同学大皮。

说她是暗恋，因为她从没向大皮表白过；说她疯狂，因为她有8个小16开的日记本，上面记满了大皮的一举一动，细到大皮今天掉了三次笔，使用了八次橡皮都记录在案；而我给“暗恋”二字加上引号，则是因为她的暗恋，跟她关系好的几个女生都知道。

我猜，当时班上的男生也知道吧？包括大皮。

只是既然你不说，何必我捅破？

这暗恋，就让它暗着吧。——这也许是大多数男人的态度，哪怕当时大皮还只是个高中生。

转眼，十余年过去。

女人的友谊和男人不同，成家后，大家联系得非常少，我也只是知道吴念的大概消息，并不了解她的近况。

前几天，在洛洛的小书吧里，我居然偶遇了吴念。

已婚女人的话题，永远离不开孩子、男人、家庭，我们也未能免俗。

我问她先生在哪里工作，孩子多大了，本来只是很普通的开场白，却没想到引来吴念叹气连连。

“你还记得大皮吗？”她问我。

“怎么会不记得？只是不知道他在干什么……难道？你们之间……”

“嗯，他半年前回来找了我一次，还送了一条项链给我，说他虽然也结了婚，但一直没忘记我。”

“可是……你们……当初，不是没开始吗？”我说话不禁有点儿结巴，不知道这里面到底发生了什么，现在又是个什么状况。

“其实有些事你们不知道。高考结束后的某一天我跟大皮表白了，没想到，他也是喜欢我的。可是他知道自己肯定考不上大学，而以我的成绩，上个大学是不成问题的，所以，他知道我们不可能在一起。后来……唉，那时也是太年轻。”吴念说到这突然又打住了，喝了一口饮料后，才接着往下说，“你想不到吧，我们两个居然决定私奔，而且还真的奔了。”

“啊？！”如果此时有镜子，我的嘴一定张得能吞下一个鸡蛋。

“呵呵，我们上了车还没跑到火车站呢，就被我爸给拦了下来，大皮还差点儿被我爸以诱拐之名扭送到派出所。最后大皮去了广州，而我上了大学。这件事，除了我、大皮和我爸，连我妈都不知道，更没有任何其他同学知道了，这是十余年来我第一次说起这事。”

“天！连你妈都不知道？！”我心里顿时有了负担——这样一个虽然算不上沉重的秘密，但毕竟他们隐瞒了这么久，现在突然说给我听……

“我以为我跟大皮再也不可能了。大学毕业没几年，我就嫁给了现在的老公。他对我算不上多好，挣的也不算多，但养家没有问题；也没什么恶习，对女儿也很好。我以为，我的一辈子就是跟着这个男人平淡地过下去。可是……”

半年前，大皮突然找到了吴念，送了她一条铂金项链，最关键是项链上的那个钻石挂坠，吴念特意去商场找人咨询，说虽然不知道这个挂坠是从什么渠道买的，但至少也值上万块。

吴念一听吓坏了！她和她老公都属于工薪阶层，两个人的月工资加起来还不足9000！她从商场一出来就打了大皮的电话，问他在哪，决定把项链还回去。

吴念去了大皮说的宾馆，刚抬手敲门，门就开了，一只大手把她拉了进去。

“我是来还你项链的，这项链太贵重了……”还没等她把话说完，大皮已将她死死抱住，狂乱的吻暴风骤雨般地席卷而来，一双如火的手放肆地在她的身体上上下游走……

那一次，吴念把持住了自己，但项链却没还回去。

大皮说这些年他在外面闯，就是为了能闯出一番天地，然后名正言顺带吴念走。

“小念，你结婚的时候其实我知道。那天，我一个人喝了13瓶啤酒，但那个时候我还是个只能解决个人温饱的打工仔。我知道，即使我回去，你爸也不可能同意我们在一起。而且，那个时候的我在外面已经打拼了好几年，却一直没有什么成绩。所以，我对将来没有信心，不能给你承诺，不能耽误你，只有默默地喝酒。现在好了，我前两年碰到一个做钻石生意的老板，跟着他干，我现在小挣了一笔。虽然钱还不是很多，但我知道，要不了多久，我就能给你有房有车的生活。所以，我一天也不愿意多等，迫不及待地来找你。”

“你知道吗？大皮说他根本不爱他老婆，说回去就要跟他老婆离婚。”

“那你打算怎么办？也离婚？跟大皮在一起？”

“不知道。我发现我还是爱着大皮的，只是，一想到让我离婚，我又很纠结。”吴念告诉我，老公虽然不是多优秀，但真的挑不出啥毛病，如果就这样离婚，她舍不得，毕竟一起生活了这么多年，老公已经成了她生命的一部分；再说，他们还有一个可爱的女儿。财产不要也就算了，可是女儿呢？

我沉默。我无意去做道德卫士，去指责吴念和大皮这样是不对的。因为婚外情虽然不对，但感情这种事真的不是用道德就能控制的，谁也不能说婚外就一定无真感情，而保持着无爱的婚姻就是正确的。

“那大皮离婚了没？”我突然想起这茬来，连忙问。

“还没。当然，都是有孩子的人，哪那么容易说离就离的。”吴念似乎怕我误会大皮对她的感情，连忙又补充了一句。

“那这半年来，你们又见过吗？”

“还没。我期盼再见到他，但又怕见到他。上一次，我把持住了，但如果再见到他，我肯定把持不住。他离开后，我们几乎每天联系，不是电话就是网络。”吴念说，“爱情原来真的很美好，我们俩一天不联系都彼此想念得要命，可是这种爱着对方，却又不能在一起的日子，真是煎熬哇！”

“你确定你是爱他而不是别的情感？有的时候，连我们自己都会被自己骗的。”

“我确定。”

“那你确定大皮对你也是爱，而不是别的情感？”

“……我不是很确定。”

吴念告诉我，大皮其实很少主动联系她，都是她先联系，而且，不论是电话还是网络，大皮经常不是第一时间回复吴念，经常说自己在忙，等有空的时候再好好聊。

“就是因为这样，我才没离婚。但这样下去，我还是觉得对不起老公，虽然我身体没出轨，可精神已经出轨了。所以，我还是打算离婚，只是还没想好怎么说。”

“但你刚才不是说还不肯定大皮对你的感情吗？”

“虽然不能肯定，但我感觉他是真爱我的。”

吴念的解释让我忧心，直觉大皮并不如她所想。

吴念是个感情至上的女子，她不允许自己背叛别人，同样也不允许别人背叛她。

不知道你有没有这样的感觉：有时候，有些人，十几年甚至几十年都没出现在你的生命里，可当他们出现了一次后，就会接二连三地出现。

我才见了吴念没几天，很意外地，居然遇到了大皮，在大连。

我去大连理工大学，等出租的时候发现有一种有轨电车，很好玩，就上去了。刚上车，有个说武汉话的人吸引了我的注意，是个帅气的男人，正搂着个女孩，说说笑笑。

也许是这男人太面熟，也许是我盯着他看的时间有点儿长，他注意到了我。我们就这样呆呆地看着对方足有半分钟。

“大皮？”我试探着说。

“啊？！猫！真的是你！”我的“大皮”一出口，对方连忙放下了正搂着女孩的胳膊，与我打招呼。

“这位是夫人？”我看了一眼大皮旁边的女子。

“哪有什么夫人，我还没结婚呢。这个是朋友，朋友。你怎么到大连来了？出差？”大皮显然不想继续刚才的话题，把话岔开了。

很快，我就到站下车了，但我们互留了电话号码。

在大连那两天，我一直想着大皮那几句话——他说他还没结婚，也没说他搂着的女孩是他女朋友，只说是朋友。但他对吴念说的却是他已婚，只是他不爱他老婆，想要与老婆离婚与吴念在一起。姑且不论他到底是已婚还是未婚，但有一点是肯定的——大皮谎话连篇、绝对花心。我的心突然为吴念一疼：这个傻女人，还准备为这么个花花公子抛家弃女呢。

就在我不知道该不该把这次偶遇的事跟吴念说，或者说又该如何说的时候，我接到了大皮的电话。

一番客套过后，大皮说到了重点，大意是让我不要把那天在有轨电车上的事说给吴念听。

既然他主动提到了吴念，我也就接着说了下去。我告诉大皮前些天自己刚见过吴念，知道他们之间的事。

“你对吴念是真心的吗？她打算跟老公离婚呢。”

大皮在电话那端沉默了。

我也沉默了。

本来，按我的性格，我会在沉默中挂断电话，但我觉得我还是有必要再说一句。

“人世间有种情感叫‘喜欢’，另一种叫‘爱’。如果只是喜欢，就不要强说成爱。对于吴念来说，她是真心爱你的，但你若不是真心，请不要对一个爱你的女人造成伤害。”

大皮继续沉默着，但在电话挂断的前一刻，我听到他“嗯”了一声。

我宁愿相信，大皮尽管花心，但对吴念还是有几分真情的。

然而不管他们曾经有过多么美好的爱情，若现在只是喜欢而不是真爱，那么，就是贪恋和欲望。而一切贪恋和欲望，都是没有结果的挣扎，情人永远只能是化在彼此口里的那颗糖，只有香醉的片刻，却甜不透长长的一生。

喜欢，是一种心情；爱，是一种感情；喜欢，是一种直觉；爱，是一种选择；喜欢，可以停止；爱，没有休止。

我希望吴念能明白，我希望大皮能明白。我也希望你——嗨！就是你，能明白。

第三章

CHAPTER 3

无顾忌的伤害背后，
是无原则的爱

那些凶，大多恃爱而行

凯凯是我认识的说话最没正形的男人。

凯凯的本职工作是大学老师。大学老师不用坐班，还有寒暑假，所以他偶尔会觉得自己有点儿闲，于是，几年前开了一家图文印刷公司。

随着生意越来越好，他又开了几家分店。后来，凯凯干脆请了经理人，自己很少到门店去，有什么事都是经理人直接处理——凯凯给了他们充分的信任与自由。

于是凯凯就又有点儿闲了。

那天凯凯带着女朋友毛毛到我家来做客，我给他们倒茶水、拿零食，他们坐在沙发上看电视。电视里有一个生得瘦瘦的女演员，偏偏挺着一对硕大的胸。

毛毛说："她胸肯定是假的。"

凯凯说："嗯，肯定是。不过，我还没摸过假胸，也不知道摸上去是什么手感，跟真胸有什么区别。”说完，还用右手比划着在毛毛胸前转了一圈。

毛毛怒，对凯凯又是掐又是打：“我叫你摸！我叫你摸！你活得不耐烦了，是不是？！”

凯凯就笑，一边笑一边说：“我说的是实话啊！唉，这年头，说实话还被人打，还有没有天理了？”

气得毛毛使劲给了他一拳，忍不住自己也笑了。

到了饭点，我请他们在我家楼下的小餐馆吃饭，点了一盆这个季节非常火爆的油焖大虾。

等油焖大虾一上桌，凯凯戴上手套就抓了一只，剥好了，却放到了毛毛的碗里。

毛毛却不领情：“哎！献殷勤也不是这么个献法吧？这油焖大虾吃的就是这汁水的味道，只吃肉，还不如吃虾仁呢！”

我笑：“就是就是。”

凯凯把剥好的虾肉干脆重新夹起来，喂到毛毛嘴里，然后向我解释说：“你不知道，毛毛过一会儿还有个秀。这些手套质量都不行，她自己剥虾吃，一会儿工夫就会弄得满手油，那味儿，洗都洗不干净。所以呀，今天还是我来给她剥。”

“原来是这么回事啊！”我有点儿惊讶又非常羡慕，“毛毛，你真幸福，找了这么好的男朋友。”

“哼！好个屁！就知道耍嘴皮子。”毛毛嗔怪道。

毛毛是个小模特，多半时间在各大商场搞那种展台表演，偶尔也能去点档次高点儿的地方。比如这次，她们老板就接了个有点儿名气的牌子，到时候还会有电视台去录像。

也是巧，刚吃完，毛毛的手机就响了，是呼她集合的电话。毛毛匆匆说了两句就挂了电话，打个招呼就要走。

凯凯连忙站起来说："哎，别挤公交了，打个车去。表演的时候别紧张，按正常姿态走就好；表演完跟人合影的时候，别跟老男人合影，他们最喜欢揩小姑娘的油……"

"知道了！婆婆！"毛毛一边叫着，人已经出了门。

等看不见毛毛的身影了，凯凯才重新坐了下来。我笑："这么不放心，干吗不送她过去，顺便也帮她录下像、拍个照什么的？"

凯凯似乎有点儿沮丧，说："她不让我送，也从来不让我去看她表演。"

"哦？那你们是怎么认识的？"

"是在我的门店认识的。"凯凯告诉我，大概半年前，跟他关系很好的一个老师要赶着装订一本标书，自己没时间办，就把标书抱过来托付给他了。以凯凯和那老师的关系，他二话没说，亲自拿到自己的门店去了。也就是那次，他认识了正好也在门店帮老板印表演宣传单的毛毛。

"都交往半年了啊！你才把毛毛带给我看，真不够意思！怎么样，这是打算结婚了吗？"我问。

"我倒是想。"凯凯又沮丧了。

"怎么？毛毛不愿意，还是她家里不同意？"

“毛毛是个孤儿。”凯凯告诉我。

毛毛很可怜，7岁那年妈妈就病故了，爸爸是个游手好闲的酒鬼加赌鬼，有钱了，就丢个十块八块的给毛毛，没钱了，十天半个月都不给孩子一分钱。毛毛经常挨饿，饿不行了就去邻居家讨一餐。

邻居们也都可怜毛毛，有时会主动给她送些吃的、用的。毛毛就这样长大了。

“你别看毛毛今年才23岁，她在社会上可是混了快10年了。她初二那年，他爸被人逼赌债打了，然后去喝酒，就掉水塘里淹死了。那些人真是黑良心哪！他们居然又去骚扰毛毛，说没钱用身体还。毛毛害怕，就跑出来了。所以，她是连初中都没读完就出来打工了。”凯凯说。

“啊？！”我本来想说，你可是大学老师呢，跟一个初中都没读完，且小自己10岁的女孩子，会有将来吗？

但看看凯凯的表情以及刚才的表现，我知道，他对毛毛是真心的。而且，我认识凯凯有十几年了，之前他虽然也交往过几个女孩，从没见他对哪个女孩像对毛毛这样好。感情这种事，只要有真心，其他的事又有多难呢？所以我心里想说的那句话没说出来。

“那按你这样说，毛毛从小就缺少关爱。这十来年更是一个人在社会上漂，应该非常想找个依靠哇。你堂堂一大学老师，又是拥有几家门店的小老板，要钱有钱，要才有才，要貌有貌，要真心有真心，毛毛为啥还不同意？”

“毛毛只知道我是大学老师。”

“门店的事她不知道？”

“嗯，那天碰到我的时候，她以为我跟她一样也是顾客。后来我本来想说的，但又怕她误会。我想用我的真情感动她，而不是用金钱打动她。所以我想等她同意我的求婚的时候，再告诉她门店的事。”

那天的谈话就到此为止了。

大概一个多月后的周末，我去群星城五楼吃饭，在排队买充值卡的时候，发现凯凯和毛毛排在队中央。

本想过去打个招呼，但看着越来越多的人排在了我身后，我就没出声，想着把卡充完了再跟他们打招呼也不迟。

这时，我听到毛毛大吼：“笨死了！刚才那个小熊本来是我的，没抢到就是因为你！”

凯凯伸出胳膊搂住毛毛，似乎在安慰她，我听不清他在说什么。

但没过一会儿，毛毛甩开了凯凯的手，大叫道：“排什么破队！慢死了！都说了上楼去吃印度餐，你非要在这吃大排档！不吃了！”说完就气呼呼地走了。凯凯只好从队伍中出来去追。不一会儿，他俩就混进了人流，我看不到了。

又过了一段时间，正是武汉最热的时候。

快下班，凯凯突然跑到我办公室来，非常霸道地说：“我知道你老公没出差，打个电话让他今天接孩子，你陪我去喝酒。”

我看了他一眼，他表情严肃。

我“哦”了声，拿起了手机“请假”。

我没有等到下班的点儿，提前带着一脸黑线的凯凯离开办公室。

凯凯开着他的标志307满大街地转，一边转一边叫：“怎么回事，这些人都不想做生意了是不是？没有一家排档营业的。”

“现在才5点钟，夏天天黑得晚，我看他们最早也得6点半才出来。你又不是真想吃啥，要不咱们随便找个地方坐坐？”

“不行！”凯凯说得斩钉截铁。

我不再言语。

凯凯带我转着转着就转到了江边。

我再次开口：“咱们去江边走走吧。”

这回凯凯没反对，把车直直地朝江边开了过去。

这边的江滩因为不是市中心，再加上天热的原因，江堤上基本上没人。

我跟在凯凯的身后随着他走。

“你跟毛毛怎么了。”

“那婊子有别的男人了！”凯凯一把扯下脖子上的挂坠，作势要扔，却终究没舍得，拿在手上呆呆地看。

那是一个很普通的玉观音，做工粗糙，应该不是值钱货。

看着看着，凯凯啜泣起来，越来越大声，最后干脆用手捂着脸号啕大哭起来。

我看过很多女人哭，也偶尔能看到男人流泪，但第一次看到男人这样哭。

我的眼角也不禁湿了，却不知如何安慰他，只好轻轻拍着他的背。

天气真的很热，凯凯不一会儿就哭得汗流浃背了。

太阳晒得我半边脸生疼，我说：“凯凯，咱们找个阴凉点儿的地方好吗？”

凯凯这才强忍住了哭，撩起T恤下摆擦了把脸，然后看了下，朝江堤下有树的地方走去。

到了树下，他似乎平静了许多。他问我：“你说，我一直没告诉毛毛我其实除了是拿工资的大学老师外，还是拥有几家门店的小老板，是不是错了？”

凯凯跟我说，毛毛总是嫌他东嫌他西，其实主要是嫌他没钱。

“你看，我开的车也只十万块，穿的也只一两百的大众货，怎么看都不像有钱人，是不是？”凯凯问我。

我没办法回答，只能看着他，然后说：“如果你告诉毛毛你其实拥有几家门店，能轻易在这城市里买下一套大房子，一辆豪车，你认为她就不会离开你了？”

“……可能不会。”

“那这是爱吗？如果是这样，她对你的感情是爱吗？”

“是！”凯凯说，“我可以肯定毛毛是爱着我的，即使她现在离开我。她不过是穷怕了，想要个更有保障的生活。一个年轻漂亮的女人，想让自己嫁好一点儿，嫁个有钱人，这有什么错？”凯凯反问我，语气激动，似乎我是他的敌人一样。

“你说的有道理。”我连忙说，“那既然这样，你为什么一直不告诉她你其实很有钱呢？”

凯凯沉默。

过了好一会儿他才说：“那时我还没想通这个道理，只是现在才想通，可是来不及了，毛毛跟我分手了，跟着那个服装店老板去海南旅游了，说回来就结婚。”

我叹了一口气，拍了他肩膀一下：“那就祝她幸福吧！”

凯凯不再说话，但我看见他的眼泪又流了下来，只是，这次是无声的。

总是有这么一个人，突然闯进你的生活，教会了你什么是爱，然后，离开了。

我以为凯凯和毛毛的故事就此结束。

可是，夏天还没过完呢，凯凯给我打电话，问我认不认识律师，他要打官司。

我惊讶地问是怎么回事。结果我没想到，又看到了毛毛。毛毛一直都瘦，没想到现在更瘦了，还黑，一脸的憔悴。

凯凯说那个服装店老板是个骗子，他把毛毛带到海南，吃毛毛的喝毛毛的，把毛毛的钱都骗光了，就一脚把毛毛踢开了，当着毛毛的面跟别的女人鬼混。

凯凯说这话的时候，毛毛站在他旁边一直发着抖，眼泪止不住地流。

凯凯心疼地搂住毛毛，小心地替她擦眼泪，而自己的眼泪流得比她还多。

我在一旁看着，心突然就是一疼：这大概就是真爱了吧？！

无论你做了多少错事，无论你对我是真情还是假意，看到你伤心我比你更伤心，看到你难过我比你更难过，只要你回来，我无条件接受你，包容你。——这大概就是真爱了吧？！

“毛毛，嫁给我吧！”凯凯突然吻上了毛毛的眼睛，吸干了她脸上的泪水。

毛毛“哇”的一声大哭起来，一边哭一边点头：“我知道你爱我，所以才对你凶，我知道我不管怎么对你凶，你都不会怪我！”

凯凯像小鸡啄米一样在毛毛的脸上不停地亲吻着：“嫁给我好吗？”

两人紧紧抱在了一起。我也哭了，是微笑着流泪。

人生有的时候真的需要等，该来的让它来，该走的让它走，不强求，也不强留。

后来，凯凯和毛毛举行了婚礼。

你可曾珍惜过，那个肯吃你剩饭的人

是谁说“每个成功的男人背后，都有一个默默奉献的女人”？

是谁说“每个任性的女人背后，都有一个宠她的男人”？

一小时前，我跟洛洛在QQ上孤苦对望。

我说：“我现在祈祷能赶紧下班，回家上床窝着。”

她说：“我都在床上窝了一天了。”

接着，她又说：“想想又要一个人吃饭，真是让人绝望！”

我说：“那就找个人一起吃呀！”

她叫道：“跟谁呀？跟谁呀？”

我对她的叫喊视而不见，说：“我家楼下新开了家‘一粥一汤’。”

她热情不高。

外面又是风又是雨，我估计让她对吃的热情打不着火。

洛洛沉默了。过了良久，她说：“我想吃辣的火锅。”

我立即说：“啊呀！你不早说！我这就去川记火锅店排队。你速起速来！”

川记火锅店内人一如既往地多，好在洛洛赶过来的时候，我排到了角落里的一个位置。

有服务员给我们一人倒了一杯半热的茶水后，拿了我们点的火锅单子就离开了，半天都没人再理我们。

我们也不急，一边喝着茶水，一边坐着。

两个在QQ上总是有说不完话的人，真坐到了一起，却找不到话题。

她翻开了手机，我也翻开了手机。

不一会儿，她把手机递到我面前：“你看下这篇文章。”

我狐疑地看了她一眼，接过她的手机。那是发在腾讯大家栏目的一篇文章，作者是寇研，文章的题目叫《你愿意一辈子吃她剩饭吗》。

我看了下，文章大致是说作者恰好也是在一次吃火锅的时候，看到同一桌的女孩随手把自己吃不下的剩菜剩饭的碗推向她旁边的男友：“喏，吃不下了，你帮我吃吧。”那男孩正往嘴里扒米饭，也不争辩，也不觉得不好意思，甚至头也没抬，把女友的剩菜碗拨到自己跟前，美美地吃起来。

作者在文章中主要想表达，恋爱中的男女，只有那种深爱着对方，也认定了对方的情况下，女孩才愿意把自己的剩饭给男孩吃，而男孩当然也是在认定了对方的情况下，才愿意吃女孩的剩饭。

文章最后，作者话锋一转：男人吃女人一次两次剩饭没关系，问题是，他们愿意一辈子吃下去吗?

作者对此持悲观看法：男人在还只是男友的时候，多是愿意吃女友的剩饭的，而男女朋友一旦变成了丈夫和妻子，情况就有了反转——一般都是女人吃男人的剩饭了。

看完这篇文章，正好我们的火锅也上来了。我一边把羊肉、牛丸什么的往锅里放，一边把手机还给洛洛，然后问："你想说什么？"

洛洛一直没摸筷子，接过去手机放在桌上，说："齐明扬一直都肯吃我剩饭的。"

齐明扬是洛洛的前夫，他们离婚有3年了吧，是洛洛提出来的。

洛洛今年35岁，跟齐明扬离婚的时候是32岁，而认识齐明扬的时候是21岁。

21岁那年，洛洛大专毕业，去了深圳打工。结果几经辗转，花得身上只剩下10块钱，仍没能找到工作，连回家的路费也没了。

就在洛洛在街上乱逛的时候，一家新开的餐馆吸引了她的注意。确切地说，是从餐馆内飘出来的排骨藕汤的味道吸引了她的注意。

鬼使神差地，洛洛走了进去。

店内很空，连洛洛在内只有三个人，一个是坐在吧台后面低着头的男人，一个是服务员。见洛洛进来，服务员很热情地把洛洛让到一个靠窗的位置，倒上一杯热茶，问："您想吃点什么？"

洛洛摸了摸口袋里那张唯一的纸钞，用武汉话回了句：“来个排骨藕汤。”

“好咧。”服务员应了一声朝后厨走去，而一直在吧台后面低着头的男人此时却朝洛洛走了过来。

一段姻缘便从一碗没钱付账的排骨藕汤开始了。

那个男人正是齐明扬。

齐明扬很有经商头脑，他到底有多少资产我不知道。我只知道，3年后，齐明扬关了深圳的餐馆，带着已经成为他未婚妻的洛洛回了武汉，在友谊大道靠近销品茂的地方盘下了一家亏损的招待所。经过装修后，招待所变成了快捷酒店，一楼是餐厅，二楼至顶楼以下是住宿，顶楼办公。

酒店开业之后，洛洛也在双方家长的祝福下，成为齐明扬的新娘。

等女儿上了幼儿园后，在家闲得无聊的洛洛要求来齐明扬的酒店工作。齐明扬很愉快地答应了，给了她一间单独的小办公室。

洛洛不是个事业型的女性，她也知道酒店的事其实不用她管，她也不爱管。而对于齐明扬的各种应酬——包括跟年轻女性的来往——洛洛也从不过问。

也许正是洛洛的通情达理，让齐明扬对她越来越好。

有段时间，他们的小日子过得真的很不错。洛洛自己也经常对我们说，说齐明扬如何爱她，如何包容她，从来不管她怎么花钱，对她的家人比对自己的家人还好。洛洛每顿吃不下的菜和饭，无论多么“惨不忍睹”，只要往齐明扬碗里一倒，齐明扬二话不说吃掉。两个人在一起从没吵过架，偶尔有意见不合的时候，也是齐明扬让着洛洛。

可就是这种让多少女人羡慕嫉妒恨的生活，洛洛却亲手把它打破了——她爱上了别人。

洛洛从读书的时候起就喜欢写点儿东西，整点儿小清新，现在有闲有电脑的，正好可以捡起旧业。

洛洛开始写作。

渐渐地，洛洛发表的稿子越来越多，居然在那个小圈子里有了点儿名气。而就在这个时候，她在网上认识了同样搞写作的李乔。

用洛洛的话说，她认识李乔的时候，有一种被命运之箭击中的感觉——她从没想到爱情原来是这样的。

我曾问过她，那她之前跟齐明扬之间是什么。

洛洛说他们之间也曾有过爱情，可是现在，激情退却，他们之间有亲情，有信任，有依赖，有所有该有的，唯独没有爱情。

也许，真的有缘分一说。

也许，不过是月老喝多了酒，乱牵了红线。

李乔，居然也是对洛洛一见钟情。

最后，他们决定各自离婚，然后永远在一起。

可是两个被爱情冲昏头脑的文艺青年，却没有想到现实的残酷——爱一个人，只是两个人之间的事，而婚姻，是两个家庭之间的事。

离婚后，洛洛去了李乔所在的城市，他们没有领结婚证，两人住在了一起。

一开始他们就没有快乐过，经济上的拮据，找工作的不顺，生活习惯的不同，让他们之间有了越来越多的矛盾。当李乔的前妻带着孩子找上门来的时候，洛洛和李乔有了第一次争执。被齐明扬宠惯了的洛洛，还是用那种不赢不罢休的架势跟李乔吵架，可李乔毕竟不是齐明扬，一摔门，走了。一周后才回来。

这一周他去哪了，李乔没说，洛洛也没问，但他们都心知肚明。

他们之间的矛盾越来越大，争吵越来越多。

最后一次争吵之后，李乔再次回了原来的家。——这次，他没再回来。

洛洛在一个月后带着伤痕累累的心回到了武汉。那时，距她飞奔李乔所在的城市，只有10个月。

洛洛在决定与齐明扬离婚的时候，齐明扬曾苦口婆心劝过她，对她说生活不只是你侬我侬，没有人能天天鲜花热吻、烛光晚餐；所有的卿卿我我最终都要变成柴米油盐孩子哭，爱情总会变成亲情。

可是洛洛选择了一意孤行。

现在，洛洛才想起齐明扬的好，可是，时光回不去。齐明扬的身边已经有了一个新的女孩，那个女孩对齐明扬给她的每一个娇宠，都会快活地在齐明扬的脸上留下一个吻。

有人说，直到失去了，我们才会知道拥有过什么。事实上，我们一直知道自己拥有什么，只是以为永远不会失去它，或者，以为别处有更好的风景。

然而，最美的风景是被我们丢弃的旧照片，是被我们抛弃就再也等不回来的人。

跟着蜜蜂找花朵，跟着苍蝇寻厕所

那天我突然接到表表妹肖清雨的电话，说她进了派出所，非要有人保释才能出来，所以……

我大吃一惊！这辈子我还没进过派出所，不懂保释是怎么一回事。

我带了一堆证件，还取了不少现钞，寻到我表表妹说的那个派出所。

我对我表表妹肖清雨的印象还停留在7年前她刚到武汉上大学的时候。那时候我跟她见过一面。她是我表姨的女儿，因为关系隔得有些远，再加上年龄相差将近10岁，所以，平时我跟她并无往来。她大学毕业后，没回老家沈阳，选择留在了武汉，这事我也只是听说过。我怎么也想象不出那个秀气文静的小姑娘会跟派出所扯上关系，因为我表姨和表姨夫都是大学老师，肖清雨被他们教育得非常有教养、懂礼貌。

这样想着时，车已经到了肖清雨说的派出所大门前。我付了车资匆匆跑了进去。

我没有认出那个染着半尾红发，穿着只有一根带的紧身吊带衫、超短裙的女子，跟7年前穿着一袭白裙，披散着一头乌黑长发的女子是同一个人，但她眉宇间的淡雅气质还在，那份生在骨子里的教养还在。

肖清雨见到我有些不好意思，她说她本来想让一个朋友保释她，结果没联系上，而她又不好意思让同学或同事来……

我说你让我来是对的，这种事，还是亲人来最好，只是，你怎么会跟人打架呢？就你这细胳膊、细腿怎么会跟人打架呢？

肖清雨不好意思地笑了下，说："我是故意的。"

"啊？"

"唉，其实吧，我这不是第一次进派出所了。"

"啊？"

"每次都是我故意的。"

"啊？"

"我想变成一个坏姑娘。"

"啊！"

"哈哈哈！"肖清雨突然大笑了起来，"因为这里有家卖红豆奶茶的超好喝，所以我才惹事进派出所的。呶，就是那家，我请你喝。"

我当然知道肖清雨在鬼扯——有谁为了喝派出所旁边的红豆奶

茶而惹事进派出所的？她肯定有不想告人的秘密。

奶茶店内，我和肖清雨一人端着一杯奶茶相对而坐。

“你跟我有什么好隐瞒的？我又不是你妈。说说看，你故意进派出所的理由是什么。”

“我不是告诉你了嘛，我想变成一个坏姑娘。”

“嗯……貌似你已经过了叛逆期了。”我故意上上下下打量着肖清雨说，“好吧，就算你还在叛逆期，就算你想变成一个坏姑娘，还是得有一个理由不是？是你妈管你太严？还是……”

“跟我妈没关系。”

“哦？这么说，跟男人有关系？”肖清雨今年26岁，这个年龄段想变成一个坏姑娘，不是跟男人有关，还能跟啥有关？

“嗯。”肖清雨对我的追问没有回避。

“那……是你单方面喜欢他？”

“嗯。”肖清雨又点了次头，然后抬起头问我，“你说，一个血气方刚的男人，面对一个面容姣好的女性主动示好，却能把持住自己，他是好人还是坏人？”

我说：“如果是其他的女人引诱他，而他能把持住自己，在他女朋友或老婆的眼里，他就是好人；相反，如果是他老婆引诱他，他还拒绝，在他老婆眼里，他就算不是坏人，也算不上是好男人。”

“你说的有道理。”肖清雨若有所思地点点头。

“那你说，我勾引那个男人，在他眼里，我是好人还是坏人？”肖清雨又问。

“这个还真不好说。如果他知道你不是个水性杨花的女人，只是因为喜欢他而勾引他，也许他不会认为你是坏人，但这跟他的家教有关。毕竟中国在过去几千年里，都认为主动勾引男人的女人不是好女人。你居然去勾引他？”我的好奇心已经强烈到不能再装下去了。

“这是我第三次惹事进派出所。前两次都是他来保释的。这次他没来。我想，跟我上次引诱他有关。”肖清雨有些沮丧地说。

“既然你喜欢人家，我可以理解你主动追他甚至引诱他，但为什么要用进派出所这种极端行为来接近他呢？”

“因为他是个小混混，老说我是个好姑娘，配不上我。”

3个月前的一天，肖清雨被两个小流氓当街调戏，四周有很多人，可没有一个人上去制止。是莫小北的出现才让肖清雨免于继续受辱。莫小北赤手空拳将两个小流氓打得抱头鼠窜的样子，刹那间在肖清雨的脑海里定了格——美女爱英雄，她在那一刻爱上了莫小北。

可莫小北无论如何也不肯接受肖清雨，理由就是肖清雨的父母都是高级知识分子，而他是个小混混，两人是两个世界的人，走不到一起去。

肖清雨压根没把莫小北已经有女朋友的事实放在心上，为了能跟对方走到一起，她故意惹是生非，希望自己变坏。都说学好千日难，学坏一日足，肖清雨似乎蛮有变坏的天赋。这不，已经“三进宫”了。

但是这一次，莫小北没来保释她，直到她被关了24小时，表表妹才打了我的电话。

“原来是这样！很明显，你说的莫小北虽然是一个小混混，但他在感情上很专一，很理智，所以，他拒绝了你。”听完肖清雨的故事，我总结道。

“那是相当有理智呢！”肖清雨恨恨地说，“上一次他来保释我，在他的车上，我勾引他，他把我像扔一袋烂地瓜一样扔到了大街上。我也知道他对我只是朋友之谊，可我就是喜欢他，就是放不下他！你说，我该怎么办哪！”表表妹的眼里泛起泪花。

我一时也不知道怎么安慰她。表表妹人长得漂亮，工作也不错，性格又好，这样的女子自然少不了一众的追求者。如今她主动追求人家，甚至勾引人家，都被拒绝，难免在自尊上受不了。

“感情这种事，真是没办法的。你也有过拒绝条件好的男性向你示爱的事情吧？如果对方一直对你死缠烂打，你是不是非但坚定了拒绝他的决心，甚至还会对他心生厌烦呢？”我耸了下肩。

“死缠烂打？”表表妹瞪大眼睛看着我。

“词虽然难听了点儿，但你换位思考一下。”

“那我该怎么办？”

“能怎么办？忘记他呗！放得下得放，放不下也得放。张爱玲说人的感情可以卑微到尘埃里，我看你是卑微到烂泥里了，居然为了一个小混混，五次三番地把自己弄进派出所？！”我说着说着，突然生起气来。

表表妹苦笑了一下："其实，我都懂。只是……你说得对，是得放，放得下得放，放不下也得放。"

后来我们又聊了一会儿，但都与她的感情无关了。自那以后，我们的关系突然亲密起来，时不时就聚一次。

再后来我知道，也许是为了转移自己的情感，也许是肖清雨真的被那个一直追她的男子打动，她试着与对方交往。

追她的那个人我见过，叫周冬，相貌不算出众，但也不难看，比肖清雨大5岁，谈吐很显修养和学问，有家自己的公司——在这个城市里算有钱的年轻人。我觉得周东和出身书香门第的肖清雨蛮般配的，尤其他的教养，让我非常欣赏。

大概是在肖清雨与周冬交往了七八个月后的某一天吧，肖清雨跟我一起吃饭的时候突然问："还记得我喜欢过的那个小混混莫小北吗？"

"当然记得，怎么了？"

"他昨天找我了。"

"什么事？"

"倒不是要跟我好，而是为了她女朋友的工作来求我了。"

前段时间，莫小北的女朋友恰好到周冬的公司应聘出纳一职，没应聘上。莫小北不知道从哪里得知肖清雨是周冬的女朋友，所以，他求肖清雨做做周冬的思想工作，接受他女朋友成为公司的出纳。

“你怎么想？”我问肖清雨。

“我们已经有七八个月没有联系了，没想到，我一看到他，我发现，我还是喜欢他。”肖清雨突然双肩发抖起来。

“那你打算怎么做？”我警觉地看着肖清雨。这傻姑娘，她不会真因为喜欢莫小北，而答应对方的请求吧。

“不知道，但我找周冬打听过莫小北女朋友的情况。他说对方只是初中毕业，也没做出纳工作的经验，完全不符合公司的要求。”肖清雨闷闷地说，“但我知道，只要我给周冬一点儿压力，他会答应我。”

“那你更不能做了！”我连忙制止肖清雨，“你明知道莫小北的女朋友不适合出纳一职，还要强迫周冬聘用她，只证明你知道周冬是真心爱你，拒绝不了哪怕你不合理的要求。而你要帮莫小北的忙，是因为你还喜欢他。你想过没有，如果你真帮了他会是什么样的后果？我们先不上升到莫小北的女朋友极可能给周冬的公司制造麻烦的层面，只说，你成什么人了？莫小北求你，只是他单纯地把你当成认识的人或朋友，错不在他。周冬答应你，是因为他爱你，他无限包容你。而你呢？我没有要求你一定喜欢周冬，但你至少不能为了你喜欢的人伤害一个喜欢你的人！”

“我……”肖清雨听完我这一段长篇大论，有些委屈和不服。

“姑娘，所有的任性，都是任给宠他的人看的。”我放缓语气，握住肖清雨的手，“退一步说，你帮了莫小北，他就能反过来喜欢你吗？就算喜欢你，他能像周冬喜欢你一样喜欢你吗？我无意于批判莫小北，但以社会人的看法提醒你，莫小北和周冬，一个就像苍蝇，一个就像蜜蜂，你想，跟着苍蝇找爱情的花朵怎么可能找得到呢？相反，你不要把周冬这样的蜜蜂变成被你所伤的厕所！”

最近网上流行一句话，“跟着苍蝇找厕所，跟着蜜蜂找花朵”，本义是指在事业上跟着什么样的人，就能做成什么样的事，但我想，用在感情上不也是成立的吗？

肖清雨就是想干跟着苍蝇找花朵的蠢事呢。好在，她能与我商量，证明她也知道自己这样做不好。我相信，经过我的劝说，她会远离苍蝇，跟随蜜蜂。

考拉在他的QQ签名里说："不敢开车，因为眼泪会模糊视线；不敢炒菜，因为眼泪会掉进锅里。"

考拉是我的一个男文友，我第一次认识他，就是因为他的这段话——在他的博客里。

那是几年前，微博、微信还没有流行，我偶尔写博客，偶尔到处逛逛。那天，我无意中逛进了考拉的博客。那时，我还没开始投稿，他也不是作者。他的这段话是写给因车祸去世的妻子梅的。

考拉的文字很感人：

> 你走的那天，其实阳光很好，而我的泪却湿了整个天空。
>
> 你说："吸烟不好。"
>
> 如今，我把所有的烟都扔进了垃圾桶。
>
> 你说："不要老是玩游戏。"

我却还要玩最后一次，因为我要把最后一个怪兽杀死。我们总是一起打怪兽，可是我太笨，老是被怪兽杀死。你在游戏里一次又一次复活我，而我，却不能在现实中复活你一次。

你的QQ头像再也不会亮，你调皮的身影再也不会出现在我的书房里。

你说："今天回来后我们一起去看电影。"

我为什么没有答应你！？

我把你给我的那块小小的玉观音一刻不离地挂在胸口，用心暖着，暖着那天你挂在我脖子上说的那句"保佑你永远平安"。你做到了，我却永远失去了你。

躺在地上的你，用最后一口气对我说："不要难过。要记得每天吃早餐，要好好活着……"

没有了你，你让我如何好好活着？因为想你，我吃不下东西，如今的我已把自己瘦成了一道时光，刻在这个城市每个曾经有你的缝隙里。

你老是问我爱不爱你。

我总是不说。

现在，我多想对你说："亲爱的，我爱你！"

天堂里没有车来车往。

亲爱的，请你在天堂里好好爱自己。

我翻看考拉的旧博文，了解了梅出车祸的大概经过。

那天梅和考拉本来在公交车站等车一起去梅的父母家，结果聊着聊着两个人起了点儿争执。考拉耍起了小脾气，不去了，掉头就走，却没看到从公交车左后方突然驶来的一辆哈雷摩托。梅跟在考拉后面想要追回他，发现哈雷摩托急速冲向考拉，赶紧把考拉猛劲往前一推……考拉只是手上擦破了点儿皮，而梅却被哈雷摩托撞飞近10米远掉落地上。

当考拉抱起梅时，梅用她的最后一口气说："不要难过。要记得每天吃早餐，要好好活着……"

文章下面的评论里，有个人感叹他们的爱情，感叹梅的不幸。她是喵喵。

就这样，我认识了考拉和喵喵，我们仨互相加了好友。

就这样，我见证了他们的过去。

喵喵彼时22岁，刚刚参加工作。

考拉35岁，一个7岁孩子的爹。

有一天，喵喵对我说，她很苦恼，因为她发现自己不可救药地爱上了考拉，而考拉却不肯接受自己。

而那天，考拉也对我说，他说喵喵对他表白了，说喜欢他，可是他刚刚失去妻子还不满一年。

我知道考拉的意思，在这种情况下，于情于理他都不可能接受喵喵。但我也知道，考拉并不讨厌喵喵，甚至也有点儿喜欢喵喵。

我除了安慰喵喵，什么也没说。

后来，喵喵换了工作，也许工作比较忙，我们之间的联系渐渐少了。再后来，我和考拉都不约而同地写稿，投稿，交流，我们没人主动提起喵喵——我以为，考拉和喵喵也没怎么联系。

可是有一天，考拉突然QQ上线对我说他很难受，因为他和喵喵吵了一架，喵喵有好久不理他了，也不上线，也没任何动态，他突然觉得自己的心很空。

我惊道："你们居然还有联系！喵喵还喜欢你吗？"

考拉说："可能吧。"

我说："什么叫可能吧？"

考拉说："以前喵喵经常跟我说喜欢我，我总是不理她，她留言我也不回。后来，我们有好长好长时间没有联系。直到有一次，我因为有事主动给喵喵留言，结果我们又恢复了联系。但我有点儿摸不准她的态度了，她不再说喜欢我，可偶尔好像会吃我的醋。"

我在心里暗暗叹了口气：考拉怕是对喵喵动了心，只是自己还不知道，所以才患得患失。

我把我的疑惑对考拉说了，他在网络那端半天没回话。过了好久好久，久到我以为他不会回答这个问题了，他却发过来一段话："我比喵喵大13岁。我当爹的时候，喵喵还在读初中。如今，我女儿也10岁了，正是懂事又不懂事的年纪。我曾探过她的口风，她坚决反对我给她找后妈。喵喵是个好女孩，我不想耽误她。"

考拉说的不无道理，抛开比喵喵大13岁的因素，他女儿那一关也不好过。而且，喵喵那边也只是单纯地喜欢着考拉却没有正式开始过，一旦开始，难保她的家庭不反对自己的宝贝女儿去给一个10岁的孩子当后妈。

可是感情这个东西，哪是理智想控制就能控制的。后来，随着时间的推进，二人虽然没再把话挑明，但情意却越来越浓。

只是今天，考拉重又挂出了这个情深意切的签名，是他和喵喵之间发生了什么事吗？

考拉说他把喵喵从好友中删除了。

“啊？！”

考拉说，是喵喵坚持让他删的。

我的心也随之一疼。我也是女人，我知道那种得不到回报的爱是有多疼多伤人。“但，喵喵也许只是想试探一下你呢？如果不管她怎么坚持，你都不肯删她，她就可以确定你对她是否还有情意，可你……”

“我明白。”

“明白你还删？”

“不删又能怎样？我们又不能在一起。如果接受喵喵，我感觉对不起女儿，对不起梅，也对不起喵喵。”

我一时无语，为考拉的固执，也突然有些心疼喵喵——无怨无悔地爱了考拉3年，却连一个开始都没有。

可是，明明考拉也是喜欢喵喵的，否则他不会在签名中写上那段话。

于是，我搬出一番大道理：“人生若是执于一念，那将受困于一念；一念放下，也就会自在于心间。是重新找回喵喵，接受她，还是疼痛过后，放大家自由，这个主动权，在你手里。”

考拉沉默。

他年纪比我大，哪能不知道我说的这些道理？现实顾虑是一回事，怕是自卑心也起了很大作用吧？他不敢相信未来，他不敢相信喵喵那样一个优秀的女子能和他白头偕老，他怕喵喵对他只是一时的迷恋，他怕喵喵终有一天弃他而去……

我不知道后来考拉有没有找喵喵——他自己的心理关，只有自己打通才行，我没再问，他也没再跟我提。

我多希望考拉能放下顾虑，大胆服从自己的内心，至于将来，就留给将来吧。

对生命而言，接纳才是最好的温柔——无论是接纳一个人的出现，还是接纳一个人的从此不见。

没有什么不可以，只要你将心盛开，自有清风吹进来。

所有的一厢情愿，都等不到未来

那天洛洛要去杭州参加一个笔会，书吧就全权交给我打理。

我记不得那是怎样一个天气了，只记得那是一个初冬的午后，大概3点左右，书吧里进来一个二十七八岁、身材胖胖的女子，她身后拖着一个大大的行李箱。

我想起来，这家书吧靠近火车站，许是她来早了，想在这打发一下等车的时间吧？所以起初我对她并没有特别留意。

她点了份饮料后，随手拿了本书就找了个可以看到门的地方坐了下来。

冬天的傍晚来得早，只下午五点多天就黑了，我去开灯，这才注意到那个拖着行李箱进来的女孩，她还坐在最靠里的位置，目光呆滞地看着门。她面前的饮料喝了一半，剩下的早已凉透，而书，似乎一下也没动过。

我走了过去，对她说：“要不要我帮你换杯热饮？”

书吧内放着舒缓的音乐，是孙燕姿的《遇见》。

“我遇见谁？会有怎样的对白？我等的人，他在多远的未来？我听见风来自地铁和人海，我排着队拿着爱的号码牌……”女孩跟着音乐哼唱了起来，唱着唱着，哽咽起来，眼泪再也不受控制地顺着脸颊流淌下来。

女孩说认识他的时候，自己才读高一，如今，大学都毕业3年了。

女孩叫丁丁，记不得当时开学多久了，有一次学校搞体检，每个人都要量身高和体重。

十五六岁的孩子干什么都喜欢一窝蜂，所以在前一刻钟都还挤着量身高、体重呢，等她过去的时候，又都去吹气测肺活量了，只有两个男孩嘻嘻哈哈地在她前面晃荡着量体重。负责量体重的老师恰好不在，那两个男孩就一起站在了体重秤上。两人合称了体重后还没玩够，还要称他们的弹跳力，说白了，就是蹦起来再跳下，看下秤的指针变化。

可他们没想到，等他们蹦起来再落下之后，秤的指针不会动了——秤，被他们蹦坏了。

也就这么巧，他们两个刚从秤上下来，而丁丁也刚好走过去准备测自己的体重时，负责老师走了过来。老师一看到秤居然坏了，勃然大怒，问他们三个是谁弄坏的。没想到那两个坏小子居然同时朝丁丁看了过来，然后同时用手一指，说：“她！”

老师看了丁丁一眼，然后说这秤由他们三个人赔。

丁丁还没吱声呢，那两个男孩居然哀号一声："凭什么呀？"

这时，丁丁在他们俩肩膀一拍，说："好吧，秤，我来赔，你们俩给我当搬运工就行了。总不能让我把秤背回来吧？"

那两个男孩还能说什么呢？有人帮他们背了黑锅，高兴都还来不及，乖乖地跟在丁丁后面走。后来，丁丁知道他们一个叫韩城，一个叫吴金威——她没想到，从此他们三个人成了最好的朋友不说，对吴金威的感情更是纠缠至今。

吴金威长得帅气，会打球，会写文章，喜欢他的女孩非常多。可是他，在整个高中期间并未表现出对哪个女孩有特别的好感。每回打球累了、渴了，都是让丁丁帮他去买水、买饮料，丁丁也是乐此不疲。

青春就是这样任性，爱情就是这样任性，哪怕只是替喜欢的男孩买买水。

转眼，上大学了，他们居然又是同学，只是不同院系。有时她去看他，有时他来看她，两人还是如高中时期一样好。可是这"一样"二字又有多少无奈，只有丁丁自己知道，她多希望他们之间能有一点儿不一样。

有一天，丁丁接到吴金威慌里慌张打来的电话，电话里吴金威只告诉丁丁他现在正在学校二号门附近那条街的某某旅社里，让她速去。

之后，电话就挂断了。

丁丁突然有一种不好的预感。

等她赶到那个旅社时，几个小混混正围着吴金威，其中打头的一个黄毛手里还拿着一把刀掂来掂去，在他旁边还有一个长头发的女孩一言不发地站在那，微低着头，也不知在想什么。

丁丁一见，远远就喊：“金威！怎么回事？你怎么还不回去上课？”

丁丁清楚地记得，那天吴金威看到她的眼神是什么样的，真的就像书中描写的那样——如溺水之人看到了船只。吴金威两只眼睛放射出耀眼的光芒。

“丁丁！你快跟大哥说，昨晚我就是一直跟你在一起！”吴金威对正朝他走过去的丁丁说。

丁丁一听，心里就有了那么小小的一点儿疼痛，虽然她还不明白吴金威遇到了什么情况，昨晚在他身上又发生了什么，但听他这么一说，就猜出了几分。

“是啊？！不是跟你说今早有课让你早点儿走的吗？你还在这干吗呢？”说罢，丁丁故意用一种有些茫然的眼神打量起那帮围着吴金威的小混混来。

那几个小青年用不怀好意的眼神把丁丁从上到下打量了一番，然后黄毛突然就笑了：“昨晚你居然跟这个胖妞在一起？”

“你说谁胖呢？”丁丁生气道。

那群人突然哄堂大笑起来，笑罢，黄毛对吴金威说：“看在你找这么个胖子垫背的份上——可见你也真是蛮拼的。得！哥哥我今儿个就不追究了，不过，再让我看到你跟我对象在一起，小心老子敲断你的腿！走。”黄毛把手一挥，然后拉起旁边的长发女孩离开了。

至此，丁丁已经明白了全部。

原来，吴金威与人家的对象搅在一起被捉了，喊自己来替他开脱。

原来，自己的清白在吴金威的眼里就这么不值一提——四周还有围观的同学呢。

而此时，吴金威已经小声地对丁丁说着感谢的话了，并半真半假地解释叫她来的原因，最后说为了表示感谢，他请她吃烧烤。

丁丁没有像以往那样故意没心没肺地叫“好啊好啊”，然后吃完友谊之餐，各归各院各走各路，而是说：“你知不知道，当着那么多同学的面说你昨晚与我在一起，我以后还怎么找男朋友？要不，咱俩就真在一起吧？”

吴金威看着丁丁大笑，然后揉了揉她的头发说：“说什么呢？咱俩不是一直在一起吗？走吧，快去上课吧。”

丁丁的心又疼了一下，他的话还是那样含糊不清、似是而非。看着走在前面的他，她又要怎样追问呢？

丁丁紧走两步，问：“金威，我是不是真胖啊？”

吴金威听她这样一说，停下脚步，用很认真的眼神仔仔细细把丁丁打量了一番，说：“瞎说，你一点儿也不胖，就是有点儿小丰满而已。不过，你们女孩子都不知道，其实男人更喜欢有点儿丰满的女孩的。我们家丁丁就是最招人喜欢的那一种。”说完还把胳膊搂在了丁丁的肩膀上。丁丁一时又有些晕头晕脑了，搞不清吴金威对自己到底是几层意思，只是，她很享受这种亲密的肢体接触。丁丁什么也没再说，默默地被吴金威搂着朝学校走。

人在爱着时，往往连自己也说不清爱的成分，到底爱着的是那个人的什么，就是觉得对方的一举一动都牵扯着自己的心，很敏感，很细腻，最重要的是，宁愿相信自己相信的一切。就如丁丁，她现在觉得，吴金威与她之间不仅仅是友谊，他是爱着她的，只是他自己没有意识到，她愿意给他时间。

转眼大学毕业。在这期间，吴金威谈了几场恋爱，但每一场都谈得不长，无疾而终。而丁丁总会想，如他那样一个帅气的男孩，不会那么轻易让自己收心的。那就让他去玩吧，等他玩累了，自然就会回到自己身边了。

事实上，也确实如此。吴金威在每一场恋爱结束后，都会回到丁丁的身边，对她诉说自己的难受，然后总要加一句："还是你最好。我知道，只有你不会离开我。"

虽然，听到这话时，丁丁有些百味杂陈，心里并不好受，但她还是带着一些希冀的。

人，总是这么喜欢自己骗自己，哪怕只有一丁点儿希望。

是谁说，谁先爱了，谁就输了？

丁丁就是先爱的那一个，也是输得一塌糊涂的那一个。她一直抱着渺茫的希望在等，等吴金威认识到自己是多么重要，他是多么离不开自己。

半年前，丁丁听闻吴金威又谈了个女朋友。丁丁在听到这个消息时，心只是微微揪了一下，许是麻木了吧？并没有太多的疼痛。她以为这一次吴金威还会和之前所有的恋爱一样，时间不长就会吹掉。

可是她错了，昨天，她接到了他的结婚请柬，他说他寻寻觅觅了这么多年，终于找到那个对的人了，他恳请丁丁这个见证过他的所有成长、所有恋爱的人，一定要去参加他的婚礼……

丁丁的故事讲到这里，她冲我自嘲地笑了一下。

我一时又心疼，又无语。每个在爱中的女子，总是这样傻，总是这样看不清。

“你看我多傻，即使他都要结婚了，我居然还不死心。我拖着这个行李箱就是想给他看，我告诉他我要离开这座城市，离开他了。其实，我明知道，他不可能像偶像剧里编的那样，在结婚前夕幡然醒悟，突然明白了自己最爱的人是谁，然后飞奔而来，把我揽入怀中。可我，还是这样做了。”女孩说完，眼泪“吧哒”一声掉进饮料里，激起了一滴小小的浪花，转瞬就消失不见了。

等待，是一个人的一厢情愿。

所有的一厢情愿，都等不到未来。

这像是一个游戏的死循环，她是被卡死在那儿的灵魂，只因为，她还爱着他。只要这爱一时没消减，她就出不来。可我们都知道，说放下，很简单，真放下，是有多难。

想象是个怪圈，爱恨都在一念间

在对的时间遇到对的人，这是老天给我们最大的优待。

时光静美，温柔相对。谁的等待，恰逢花开。

我绝对没想到，小莫的媒人居然是包卫生巾！

那天，小莫应朋友的约去一家小酒店（那是她第一次去那家酒店），跟在服务员后面，还没走到朋友说的那间玉环厅，突然觉得肚子有些难受，匆匆问了下服务员卫生间的大概方向后，就一个人去找了。

可是这肚子闹得凶猛，大有山雨欲来之势。为了节省时间，小莫一边小跑一边在包里翻餐巾纸。可是事情就是这样，越是你急于想让它出来的时候它越是不出来。小莫把包里的东西翻得哗啦啦响，还没找到她要找的东西，结果，也不知被什么带着了还是怎样，包里一包东西骨碌碌滚了出去，是她刚买的一包卫生巾！别看那卫生巾包装得方方正正，玩起滚来似乎不比球逊色——直到它不偏不倚滚到一双男士皮鞋前面，才心不甘情不愿地停了下来。

小莫抬眼看了下，对面那个男人也恰好看她，显然有点儿吃惊。小莫的脸随即红了，而对面的男人也似才看清滚到他面前的是什么东西，刚要弯腰去捡，小莫却听从肚子的意愿，身一侧扭进了卫生间。

等小莫出来后，没想到那男人就在不远处等她。见小莫出来，他把卫生巾从上衣怀里掏了出来，默默地递给小莫。小莫红着脸接了过来往包里一塞，赶紧跑了。

小莫后来跟我说，简直太丢人了，幸好没有第三个人看到她的窘态，也幸好跟那个男人彼此不认识。

可是小莫没想到，那包卫生巾其实就是老天安排来给他们的相识热场子的。

还是同一天，还是同一家酒店，只不过是两个小时后。小莫和朋友们酒足饭饱后各分东西。小莫出来晚了几步，结果出来时就遇到一个喝醉了酒的男人，那男人走路歪歪倒倒的，故意朝小莫身上撞，小莫躲了几次也没躲过，那男人使劲撞了小莫一下后大叫：“你不长眼睛啊？怎么走路的？”

小莫知道跟这种人纠缠不得，只好连连说“对不起”，但那男人既然是存心找碴，怎会因小莫的“对不起”而放过她？他一边大声嚷嚷，一边对小莫动手动脚。小莫一边着急躲避，一边希望有个人能帮她一下。但没有。

那男人越发胆大起来，干脆拉着小莫的手腕就想把她往包房里拖。小莫终于喊了起来，这时，一个声音在她身后响起：“放开她！”

具体的我就不多说了，总之是英雄救美——英雄正是捡小莫卫生巾的那个男人。后来小莫知道他的大名叫卫向东。

就这样，小莫认识了向东，两人开始了交往。

大概一个多月后的一天，小莫卫生间的水龙头滑丝了，拧不紧，水喷得到处都是。在这个城市里没有什么亲人可依靠的小莫，只好打了向东的电话。向东在半个小时后就赶到了，一进门连水都来不及喝一口，张嘴就问水龙头在哪儿。

等向东从卫生间里出来后，身上的衣服湿出了不少艺术派的图案。为了表示感谢，小莫请向东去附近的一家餐馆吃饭。

因为来得早的原因，小餐馆内没有其他人，就他们俩慢慢吃慢慢聊着。

小莫说，若不是当天发生的那件事，也许她就此和向东开始了正式的恋爱关系。

可是，天将降恋爱于斯人也，必先让其承受考验。

小莫和向东吃完饭出来的时候碰到了一伙人，显然那伙人中有人认识向东。当那伙人跟向东打完招呼，从小莫身边擦肩而过时，小莫似乎听到有人小声说了一句：“咦？怎么又换人了？”

小莫后来跟我说，她当时不敢确定对方是不是说的这么一句，也不敢确定说的是不是向东，但她看着向东那修长的身形，帅气的长相，突然就觉得，这是个很招女人喜欢的男人，若那句话自己没听错，那么向东显然是个靠不住的花心男人。

但是这些疑问，小莫没有地方求证，也没办法求证，只能靠自己在生活中观察了，也就是俗话说的多长个心眼。

第二天，向东主动打电话约小莫，说有一群朋友打算周末一起去木兰山玩，问她去不去。

小莫还没来得及回答呢，向东似乎生怕小莫会说不去一样，连忙在电话那端说："那里有个木兰湖，非常漂亮的。反正你一个人周末在家也没事干，大家都是年轻人，一起去吧。"

向东都这样说了，如果自己拒绝，是不是和向东就没机会了？小莫想到昨晚听到向东朋友的话，安慰自己：就算自己没听错，那人确实是说了那么一句话，也确实是说的向东，可这也没什么关系不是吗？大家都是成年人了，谁没有个过去呢？向东在认识自己之前交过女朋友一点儿也不意外啊，自己不是也跟别人谈过恋爱吗？这样想着时，小莫就被自己说服了，高兴地答应了向东的邀约，还说自己没有一双像样的运动鞋，问向东能不能明天陪她去买。

女人主动约男人一起买衣物，这多少是亲昵的表示，聪明的向东怎么会不明白，连说"好好好"，这才挂断了电话。

转眼到了周末，同行的还有一男二女：男的是向东的哥们儿小刘——也是此行的司机，一个女性是小刘的女朋友小胡，另有一个女性向东只介绍了她叫周俏，不知道和他们是什么关系。

当然，向东在对其他人介绍小莫时，也只说"这是小莫"，也没说她和他是什么关系。

小莫与另外两位女性坐在后排，小莫靠左，中间是小胡，右边是周俏，而向东自然是在副驾驶座。

小胡不爱说话，小莫因为跟他们都是第一次见，也没怎么说话，倒是那个叫周俏的女子一路上不停说话，一会儿找小胡，一会儿找小莫，最后就找上了向东。于是这一路上就是听周俏和向东叽叽喳喳了。小莫心里那点儿被压下去的怀疑又冒了出来：听他们的对话，向东和周俏的关系不但很熟，还非常熟。偶尔，两人说的话还很暧昧，全然不顾还有一车人在。小莫暗暗在心里给向东打了个叉。

木兰山之行，小莫就显得有些不合群。向东似乎看出来了她的不合群，主动多陪她，并尽量活跃气氛，但小莫虽然没有对他爱答不理，但也保持了一些礼貌的距离。

木兰山回来之后，小莫一次也没主动联系过向东。向东联系她，她的热情度也不是很高。终于，向东察觉到了什么，问小莫是怎么回事，小莫淡淡地说："没什么啊，可能是我的性格就是这样吧，也或者是价值观不同？"

向东被小莫的回答打败了，不再追问，只是并没有就此放弃小莫，还是经常嘘寒问暖，表达关爱之心。

随着时间的推进，小莫对向东的好感又恢复并且提升了。

但，二人都没再把那层关系捅破。

小莫也不知道现在跟向东算是什么关系，有时会想，这是不是向东惯用的伎俩？——不主动挑明关系，但也不拒绝自己对他的关心，就这样保持着暧昧？想着围绕在向东身边的女性一向不少，想起了周俏，小莫又是一阵伤心——也许，自己只是他的“备胎”？反正是各种想法不停地在脑子里打转。当“备胎”的想法战胜女朋友想法的时候，小莫就会对向东出奇地冷淡；当女朋友的想法战胜“备胎”想法的时候，小莫又会很主动。

小莫多希望向东能把关系挑明，因为，她发现自己已经不知不觉爱上了向东。

可向东也不知是什么原因，还是没主动对小莫表达只有男女朋友才会有的爱意。

就在小莫猜来猜去、患得患失的时候，有一次陪客户吃饭——也许是天意——让她瞟到了角落里的一对男女。那男的，正是向东；那女的，不是多漂亮，但身材火辣，一对巨乳在低胸上衣里呼之欲出。

看着向东跟那女人谈笑风生，小莫的心一狠：这样的男人，不要也罢。

小莫一扭头就跟客户进了包间。

此后，小莫不只是对向东冷淡，对他那种介于朋友与女朋友之间的邀约，也都不再接受。

“那你们现在还联系吗？”听到这里，我问小莫。

“昨天之前一直属于基本无联系的状态——就是偶尔过节或者变天了，他会打个电话关心一下。我一直以为我们真的结束了。”小莫回答我说。

“这么说，事情有转机了？”

“嗯，他昨天终于跟我表白了，说喜欢我，想让我做他的女朋友。”小莫羞答答地说。

“你们之间这是有多久没联系啊？怎么他突然就跟你表白，然后你就答应了呢？”我有点儿担心向东之前确实是把小莫当成了“备胎”——这不，“原胎”爆了，才找上了“备胎”。

“我明白你的意思。”小莫说，“唉，其实吧，这一切都是怀疑惹的祸——在我怀疑他的时候，他也在怀疑我。”

“啊？他怀疑你什么？”我知道小莫绝对不是一个花心的女子。

“第一次，从木兰山回来后，我不是对他有些冷淡吗？他也问过我为什么，我当时跟他瞎白话了一句‘也许是价值观不同’，结果恰好第二天下班的时候，向东本来是打算接我的，而我那天又恰好跟一个客户约好了晚上谈点儿事，他当时开着一辆奥迪Q7来接的我……向东就以为，我是个追求物质的女子。”小莫说到这里，声音变得越来越小。

“哦，原来是这样。不过……这只能解释他后来一直没把你们的关系挑明，却解释不了他周围的女人以及这段时间不主动联系你啊。”我想了想还是觉得不对。

“在认识我之初，有个朋友邀他一起创业，他一直有些犹豫。后来，当看到我上了那辆奥迪后，他受了刺激，答应了朋友的邀约共同创业。因为他做的是女性美容产品，所以，经常要跟一些女人周旋。创业之初很苦，他也不知道能不能成功，所以，就没怎么联系我。直到现在，他的公司稳定了，才有了向我表白的底气。”小莫在说这话的时候，脸上飘过一朵幸福的云霞。

都说被爱的女子是最美丽的，我有幸看到了小莫最美丽的容颜。

“你知不知道我差点儿就因为自己的乱想而失去了他？”小莫表面上在问我，却不等我回答，继续说道，“唉，这女人啊，什么话都喜欢憋在心里，既不喜欢问，也不喜欢说，就一个人根据蛛丝马迹胡思乱想。想象真是个怪圈，我认为向东好的时候，恨不得马上见到他；认为他不好的时候，又恨不得老死不相往来。”

我跟着她一起笑了：“这是不是可以总结成‘想象是个怪圈，爱恨都在一念间’啊？”

小莫也笑：“就你这个写字的会总结。不过，还真是这么回事。”

时光未老，我们却散了

有时候感情就像是织毛衣，开始的时候一针一线小心翼翼地编织着，最后却只要轻轻一拉就回到了起点。

我最怕看到的，不是两个相爱的人互相伤害，而是两个爱了很久的人突然分开了，像陌生人一样擦肩而过。我受不了那种残忍的过程，受不了那种无言的结局，因为我不能明白当初植入骨血的亲密，怎么会变为日后两两相忘的冷漠。

那一年，她离开自己生活成长了8年的位于北方一个山清水秀小山村里的外婆家，进了城，回到她南方父母的家。

城市，是陌生的；父母，是陌生的；姐姐，是陌生的；语言，是陌生的，就连米饭都是陌生的……可是，在这些陌生还没来得及变成熟悉的时候，她被插班送进了学校。于是，她的世界变成了一个陌生的方盒子，里面有一群陌生的小孩，讲着她听不懂的语言，还有不断变换的一个个大人，同样讲着陌生的语言。

没有人了解一个8岁女孩内心的恐惧与彷徨——也许是8岁的她还没学会表达。

那天，老师把她分到一个小男孩的旁边做同桌，那男孩也不知出于什么原因却死活不肯跟她同桌。结果他这么一闹，其他的孩子也不愿意跟她同桌了。七八岁的孩子，哪里有什么道理可言？就在老师想发脾气、动用大人的权威时，红站了起来，她说她愿意与女孩同桌。

女孩当时挺感激红的，老师也挺感激红——连忙高兴地把女孩带到了红的旁边。全班同学却都大笑起来，女孩不明白他们笑什么。

后来下课后，那个刚开始死活也不愿意跟她坐的男孩对她说："我妈说红是傻子，都读了好几个一年级了，今年才升的二年级，你看她比我们高那么多。"女孩现在想来，当时的她明明还听不懂当地方言的，为什么男孩这句话她就听懂了呢？

可是，红也许真的是傻的，因为那男孩就当着红的面说的那些话，红居然不生气，像没听到一样。

小孩子的适应能力是相当强的，一学期后，女孩虽然还不会说但已经能听懂当地方言了，并且明白同学们为什么老是说红是傻子。

其实红不是真正意义上的傻子，她只是学习非常差，爱打架，别的方面与其他孩子没有太大不同。

女孩的成绩越来越好了，很快就一跃成为班上前几名，同学们对女孩的态度也好了起来，最后，老师把女孩从最后一排的红旁边调到了前排。

女孩的朋友渐渐多了起来，与红在一起的时间自然也就少了。

转眼，二年级结束，女孩和其他同学都变成了三年级的学生，而红，又留级了。（那个时候，还非常流行留级，也还没普及普通话教学。）

三年级的孩子是不跟二年级的孩子玩的，女孩跟红已经完全没有了接触。后来，有一回，也不知道是什么原因，女孩跟班上另外一个女孩起了点儿冲突，两人在争吵之下就要动手，这时，对方说了一句话："就你敢跟我动手？你以为你现在还是在二年级，有红帮你在前面挡着？……"

后面那个同学还说了些什么，女孩不记得了，她只是突然明白了为什么红在上学期打架特别多，而下学期要少了很多。

可是那个时候的女孩还是没有因为知道了真相而继续跟红做朋友，尽管当时的她还不到10岁，但也知道她和红不可能再有交集了。

15岁那年，女孩喜欢上了班上的一个男孩，有一天，她把从书上抄来的一首情诗放进了男孩的文具盒。

许是那个时候的男孩还不那么懂事，许是那个男孩只是为了炫耀，许是那个男孩仅仅是恶作剧，他把那首情诗在班上大声朗读起来。班上的同学一时欢腾异常，女孩当时羞愧得真的有冲出去从楼上一跃而下摔死的冲动。

这时，班主任走了进来，一把夺过男孩正在朗读的情诗，只瞟了一眼，就盯着女孩问："这是怎么回事？"

那个时候，早恋是中学生大忌。

就在她不知所措的时候，是珍站了起来，说："老师，这是汪国真的诗。您不是让我们多看些好的文学书籍吗？我和某某（女孩的名字）都很喜欢汪国真的诗，还抄了不少。您看，我这还有个摘抄本，上面就有这首诗。"说完，珍摇晃着手中的一个笔记本，瞪了读诗的男孩一眼，"不读书的人就是没文化，难道还以为这是某某写给你的情诗吗？也不看看自己长的啥德行。哼！"

后来珍对女孩说，若不是当时有老师在场，她非"呸"那男孩一口不可。

自"情诗事件"后，女孩有一段时间和珍好得就像一个人，可是友谊却结束在一堂化学课上。

那天，化学老师点名珍起来回答问题。学习一向不好的珍站在座位前，半天说不出答案。而化学老师无巧不巧地对女孩说："××，你来回答。"女孩当时也没多想，就说出了正确答案。化学老师自然批评了珍，表扬了女孩，顺带着说让珍跟女孩学习什么的。

女孩清楚地记得，当时的珍回头看了一眼女孩，然后就飞快地转回了头，女孩都没来得及看清珍的表情，但后知后觉的女孩当时心突然"咯噔"了一下，她知道，她做错了事。

果真，此后珍不再理女孩，尽管女孩也对其认了错，尽管珍说她根本没放在心上，尽管她们偶尔还会在一起，但她们都知道，她们之间的友谊，回不到最初了。

中考过后，女孩读高中，珍读技校，从此她们天各一方，再无联系。

大学一年级，女孩认识了芬。大一下学期，女孩有了第一个正式的男朋友，爱情的甜蜜似遮挡不住的阳光，怎么也要有其他人来分享。

芬成了女孩的倾听者，她知道男孩是怎样对女孩好的，她知道男孩的心思是怎样的浪漫细腻。女孩告诉芬，那天是她的生日，也是认识男孩后过的第一个生日，她不知道他是否知道今天是自己的生日，但内心里一直渴望男孩是知道的，并且送她一个生日礼物。

可是一天都过去了，男孩还像往常一样上学放学，一起去吃普通的食堂餐，一起去图书馆晚自习。

到了晚上10点，女生宿舍都快关门了，男孩连声“生日快乐”都没对女孩说。

终于，在男孩送女孩到宿舍门口时，女孩憋不住了，小声对男孩说：“今天我生日，估计你也没准备什么生日礼物送我吧？要不，你就对我说声‘生日快乐’吧！”这话，女孩说的时候云淡风轻，脸上还带着淡淡的笑，但心里多少还是有些失望的。

没承想男孩说：“谁说我没给你准备生日礼物？我给你准备了一份大礼呢！我能让对面的楼都为你亮灯，让所有车为你鸣笛，这份礼物怎么样？”

女孩惊奇道：“骗人，你哪有这么大本事？”

男孩二话不说，不知从哪掏出个“二踢脚”在一旁点着，只听“咚——当”两声，在寂静的夜里显得格外响亮，对面楼里所有的声控灯都被震亮了，整栋楼灯火通明，楼下停的私家车的警报被震得响成一片。女孩笑得花枝乱颤，幸福地投入男孩的怀抱……

当芬听完女孩讲的这段传奇，惊叹道：“天哪！这么浪漫的男孩，要是我将来也有这样一个男朋友就好了。”

可是女孩没想到，那天她去另一所学校见一个朋友回来后，看到芬正挽着自己男友的胳膊，有说有笑地在步行街上逛。突然，芬看到前面有人在卖棉花糖，芬扯着男孩的胳膊撒娇：“哇！棉花糖耶！你买给我吃。”

男孩用手在芬头上敲了一下：“都这么大了，还像个小孩子。”那动作，充满了宠昵。

“不嘛！我要吃嘛！”芬继续撒娇，一边摇晃着男孩的胳膊。

“好好好，买给你！”男孩去掏钱包，不小心一个硬币跑了出来，骨碌碌滚出几步远停了下来，男孩伸手去捡，却看到了女孩满是泪水的脸……

缘起，在人群中，我看见你。

缘灭，我看见你，在人群里。

这一次，女孩不但失去了爱情，也失去了友谊。

再很久的后来，女孩认识了军。女孩发现自己喜欢上了军后，为了那份难得的欢喜，鼓起勇气主动表白了。

军接受了女孩的表白，他说他其实也一直喜欢女孩。

本来是他有情她有意，一段美好姻缘即将开始。无奈男孩天性风流，处处留情——虽然只是言语上挑逗，并无实质行动——但爱情里，最容不得沙子。女孩几次跟男孩吵架，男孩事后也会道歉，说永远不跟某某说话了，可是时间不长，又会管不住自己。

那天，男孩又在网上和那个女孩暧昧，女孩终于爆发了，说：“分手吧。”

男孩找了很多理由来解释自己跟那个女孩其实只是工作上的关系，又说只把那人当朋友，等等，但女孩还是坚持分手。

男孩终于也憋不住了，说：“那就分手吧。”

可是，仅仅几个小时后，他们都后悔了：女孩清楚地知道自己还爱着男孩，男孩也知道自己最舍不得的还是女孩。3天后，男孩终于主动认错，提出来跟女孩复合，但女孩没再同意。

有的人感情像橘子，可以分给很多人；有的人感情像梨子，一分就破了。女孩希望有一份对她如梨子般的感情，但她知道，男孩永远做不到，因为他生就的是橘子般感情。

有时候感情就像是织毛衣，开始的时候一针一线小心翼翼地编织着，最后却只要轻轻一拉就回到了起点。

世界很小，城市很大，欠缺了缘分的人，终身都不会在一起。

时光未老，我们却散了，说好的在一起呢？

书上说，人的朋友是分阶段的，我想，那也许是因为人生是分阶段的吧。

上面的故事，有我的，也有你的。

那些过去过不去的，那些放下放不下的，那些伤害被伤害的，都是我们成长的印迹。

第四章

CHAPTER 4

你的时间有限，不要为别人而活

应酬是否真重要，扪心自问便知道

那天刷朋友圈，刷到一张桥桥发的自己跪键盘的照片。照片中，他跪在一个黑色键盘上，胸前挂着一块纸板，上面写着：“老婆，我错了！”

照片下的评论、讨论、回复等居然有一百多条！

“哥们儿这招还不够聪明，要出位也不能只发朋友圈啊？！最好发微博、发博客、发豆瓣、发天涯……”

“桥桥不是那种人，他这是在给老婆准备圣诞节礼物呢。”

“哪有这样准备圣诞礼物的？要是我老公这么没出息跪键盘，还发照片到朋友圈，我的脸都会被丢光了好不好？”

…………

我还没来得及看完，照片以及连带的所有评论、回复都被桥桥给删了！

桥桥是我非常要好的朋友，他的为人我是知道的。他是一个成熟稳重的公司老总，怎么可能为了搏出位发这种照片呢？也不可能为了讨老婆喜欢发这种照片。但这是怎么回事呢？我拨打桥桥的电话，却一直占线。当我终于放弃继续呼他后，他的电话又回了过来："猫，我知道你想说啥，但我现在没空也没心情跟你说。你能不能帮我个忙，打个电话给梅梅，让她回来？"

"怎么回事？你不说清楚我咋给她打电话啊？"我敏感地听出来了这里面的问题——敢情他和老婆闹矛盾了，且这矛盾还不小。"这么说你照片上的'老婆，我错了！'是发给你老婆看的了？可是既然这样，为啥又把照片给删了呢？难道是后面讨论的太多，回复越来越不像话？"

"唉，照片确实是发给梅梅看的。至于后面的讨论什么的，我根本就没仔细看。他们爱咋说咋说，只要老婆能回来。删照片是因为梅梅刚给我打的电话——她让我删的。"

"什么什么？梅梅刚给你打了电话？那你为啥不趁机给她道歉请求她原谅呢？据我所知，梅梅不是那种小心眼的女人啊！她很通情达理，否则，也不会让你删照片了。"

"就是太通情达理了，所以这一次我知道，她来真的了。所以我才请你先帮帮忙让她回来，其他的事，有机会我再跟你解释，行吗？"

我知道，这件事不是在电话里三言两语就能说清楚的，而且，尽管我好奇心重，但并不是不知分寸——这是人家的私事，没必要非要人家说清楚。所以，我答应了桥桥给梅梅打电话，可哪想到打通以后，一直无人接听。我挂掉电话隔了一两分钟再打，梅梅居然关机了！

当我把梅梅关机一事回复给桥桥后，他什么也没说就挂了电话。

桥桥和梅梅结婚十余年，夫妻恩爱，他儿子和我儿子恰好是同学，虽然学习算不上优秀但也聪明懂事；而桥桥是一个会挣钱却不花心的男人——这一点，我敢保证；梅梅则是一个贤惠、有想法、有原则且通情达理的人。这样的两个人，是因为什么而闹到梅梅要离家出走呢？我怎么想也想不通。

我跟桥桥通话是上午11点左右，而从那个时候起，我谨遵他的委托，每过一段时间就拨一次梅梅的电话。

梅梅一直没开机。

晚饭过后，我把梅梅一直没开机的事跟桥桥说了一下，桥桥谢过我后，说他晚上自己试试，就不麻烦我了。

我以为这事至少今天在我这儿，是告一段落了，没想到我刚准备上床休息，桥桥的电话打过来了。我刚摁下接听键，就听到桥桥的大嗓门在喊："我们家科科有没有到你家去？"

"啥情况？你儿子也离家出走了？"我一听，不淡定了。梅梅是成年人，她赌气离家要么躲哪个亲戚朋友那了，要么住哪家宾馆了，总之，她人身安全方面不会让人担心——说不定还好吃好喝招待自己呢。而科科才12岁，刚上六年级，他这大冬天的跑出去……

桥桥说，科科不可能像他妈那样躲哪个亲戚家，因为离他们家最近的亲戚也有一个小时车程，唯一的可能就是躲到哪个同学家或网吧。但很快桥桥又否定了后一种可能，说科科从来不上网，而玩得来又住得近的同学只有我儿子，如果他没到我这来，真想不出能去哪了。

我一听，慌忙把刚上床的儿子给拉了起来。儿子说了几个科科可能去的地方，无奈我们都不熟悉，没办法，只好把我儿子带上，与桥桥一起开始寻找科科。

在车上，桥桥也主动把家里发生的事给我说了：

3天前，梅梅打电话给桥桥，让他晚上一定回家吃饭。当时桥桥也答应了，谁知道临时有朋友从外地过来，邀他见一面，一起吃个饭，桥桥就又答应了人家。到了饭点，桥桥还是像往常一样打个电话给梅梅，只说自己晚上有应酬，不回来吃饭了，然后就挂了。

其实桥桥经常不回家吃饭，往常只要打电话给梅梅知会一声就行，可哪知道，这次梅梅居然离家出走了呢？

“叔叔撒谎，科科说他妈妈离家出走，是因为那天是你的生日，他和妈妈给你准备了一大桌子菜，还有礼物，你却没回家。而且科科说，你已经好久好久没在家吃饭了。”坐在车后座的儿子，突然插嘴道。

“真的哦，3天前确实是你生日，我也忘了……那你确实有点儿过分了。”我因为在开车，只瞟了一眼桥桥，他表情有些尴尬。

“那天确实是我生日，我也确实忘了，是我回家后看到他们给我准备的礼物才想到的。但梅梅这一走就是3天，电话也不开机，是不是也有点儿过分了？你要知道，我一个大男人，公司有一大摊子的事要管，还得管孩子！”桥桥来气了，“就说今天吧，我问科科有没有家庭作业，他说没有。你想想一个毕业班，今天又是周五，怎么可能没布置作业呢？结果我把他家庭记录本翻出来一看，不但有，还不少。你说这还得了？他胆子也太大了，所以我就打了他一顿。嗨，这臭小子，好的不学，坏的学，居然跟他妈一样，也离家出走了。不找了不找了，爱死哪死哪去，回家！”桥桥的牛脾气也上来了。

我肯定不能依他啊。就在这时，桥桥的手机响了一下。桥桥拿出手机一看是梅梅发来的短信，就5个字：“儿子在我这。”

桥桥赶紧回拨过去。

又关机了。

知道科科的下落了，我们也不再寻找了，我把桥桥劝慰了一番后送了回去。

周末两天我都没有接到桥桥的电话，虽然也很想知道梅梅和科科有没有回家，但这事他不说，我也不好问。

周一开始我又是忙工作又是忙写稿，一转眼就到了周五，才想起应该打电话问下桥桥情况。

桥桥过了好半天才接的电话，电话里的他声音含含糊糊的，一问，是喝多了，他说梅梅带着科科在外面租了房子，正式跟他分居了。

“到底什么情况啊？都这种情况了，你别藏着掖着啦！说出来我也好给你出出主意啊！”我急了。

桥桥这才说了真话：“其实我也没骗你，梅梅离家出走那天的事我没说假话，我只是没告诉你头一天她刚跟我吵了架。”

桥桥隐瞒的是，在梅梅离家出走之前，他已经连续23天没回家吃饭了！（这数字是梅梅说的，桥桥压根没想到。）我说过，梅梅是个通情达理的女人，一般情况下她是理解男人的应酬的，即使明知道他只不过是跟朋友们鬼混也不计较。但男人连续23天不回家吃饭，再通情达理的女人也会受不了，为此她才跟桥桥吵架。好在当天桥桥也认了错，并保证以后尽量少在外面应酬。这事也就过去了，哪知道第二天，他又没能回家吃饭呢？

我也是女人，我能理解梅梅的心情，所以，我在电话这端沉默了。

过了好久，我才问：“那这段做回单身汉的生活，是不是过得很快乐？想干什么就干什么，想不回家就不回家，多好。”

“猫，你就别笑话我了。说实在的吧，作为一个公司老总，确实有不少不能推的应酬，但真正不能推的其实只有三分之一，剩下的三分之二都是可去可不去的，只是我贪图自己的快活罢了。现在梅梅已经有10天没回家了。我每天一回来，看着空荡荡冷清清的大房子，突然体会到了梅梅的心情：家，是有家人的地方！没有家人的家不叫家，只是房子。”说到这里，桥桥轻轻笑了一声，“上周，我又被从前的哥们儿叫出去喝酒，我也去了，可不知道为什么，突然就找不到以前的感觉了，感觉心里空空的，特别想念家……不说了，挂了。”桥桥在说最后一句话的时候，明显哽咽了。

唉！挂断电话的我也长长叹了口气。早知如此，何必当初。好在，桥桥意识到了自己的错误，我想，他一定会找回梅梅的。想到这里，我给梅梅发了条短信。

又一天下班后，我去老七餐厅吃饭。刚把车停好，就听到一个中年男人大声讲电话：“我在外面应酬呢，很重要的客户！”挂了电话后，就和另外几人嬉笑着走进了老七隔壁的棋牌室。

相信这一幕，很多人都碰到过，只是玩乐的形式各不相同罢了。或是打牌，或是K歌，更甚者泡小姑娘……总之，这些男人打着应酬的旗号就可以哄得家里那位安心带孩子。有没有真应酬、真客户呢？有，但不多，而且有很多是可以推掉的。男人在外打拼，女人是应该多理解包容，可男人打着应酬之名行了多少应酬之实，怕只有自己知道。只是，莫待后院起火不可挽回之时，再去后悔才好！

不懂拒绝，你就等着被烦死

那天，我正在写一篇杂志稿，有人用QQ呼我。

看了下备注，我才知道他是我小时候的邻居哥哥，外号幺鸡。他老婆恰好是我初中同学。我是有一次回老家的时候，正好碰到了他，然后他非常热情地问我要QQ号，并立即加了我。而事实上，虽然我们相互加为好友，但之后从来没有对过话——哪怕一句简单的“你好”也没有过。

不知今天他找我什么事呢？

他问我：“在？”

我答：“在。”

他半天都没发过来对话，但我看到他一直在断断续续地输入。

我耐心地等待着。

终于，他把对话发了过来，却只有几个字：“你能来我家一趟吗？”

“啊？”我发了一个惊讶的表情过去，不明白他为何做出这样的邀请。

他叹了一口气，说：“唉，不是一句话两句话就能说清楚的。小莉跟我吵了一架，甚至要跟我闹离婚，所以……”

“是怎么个情况？你说具体点儿，她因为什么跟你吵架？为什么让我到你家去？”我还是有点儿不明白，他们夫妻吵架为什么让我过去，我跟他们的生活圈子完全没有交集。

“怎么跟你说呢？小莉跟我吵，是嫌我给她买了一堆东西！”

“啊？还有这回事啊？如果是我老公给我买一堆东西，我高兴还来不及呢，吵什么？”

“就是啊。其实是小莉让我找得你，她希望你能来我家一趟，而我也希望你能来一趟，帮我劝劝小莉。虽然咱们没怎么来往，但小莉很佩服你这个作家。”

“作家可不敢当，就是……唉，我下午正好没事，你们在家不？在家我下午过去。”我怕他继续在我写的那几个破文字上纠缠，连忙答应他的要求。

“在家，在家。”

幺鸡家住汉阳七里庙一带，我从徐东过去如果坐公交要一个甚至两个小时，想着他给的那地址我从未去过，只好打了个车，没想到还是花了四五十分钟。

小莉见到我很高兴，幺鸡见到我也很高兴，但他们俩之间是不高兴的。

幺鸡一边把我往里让，一边说：“没想到你这么早就到了。烧水！”

小莉说：“哎呀猫，好多年没见了，我经常在××杂志上看到你的名字呢。你不会去烧啊！”

幺鸡说：“猫，你坐。看这屋乱的，明知道有人来也不知道收拾一下！”

小莉说：“猫，你吃水果不？我给你洗去。就知道说人，你怎么不收拾？”

我在一旁尴尬地傻笑，正好看到茶几上一包拆开的巧克力，连忙说：“你们都别忙了，我吃颗糖。”我一边去拿糖，一边坐在沙发上，说：“我只能坐一会儿，一会儿还得赶回去接孩子。从徐东到你们这太远了。”

“哦哦，是远。”小莉连忙接上话，“那我就长话短说。猫，你瞅瞅那些东西。”说罢，往电视机前摆放的一堆杂物一指。

幺鸡家是那种老式的两居室，卧室大客厅小。沙发摆在门的对面，前面是茶几，茶几的前面本来是一米二左右宽的空地。可是现在，这块空地只留出了仅让人通过的一条窄路，靠电视柜那头摆满了大大小小的盒子、袋子。有两箱橘子占了最大一块位置，靠着它们堆着茶、酒，一块长得不好看的观赏石，一大袋不知道牌子的零食组合包，居然还有一盒月饼！要知道现在是四月，也不知那盒月饼是去年的旧货还是今年的早产儿。

“挺好的啊！有吃的，有喝的，还有观赏的。”我对此时一脸怒气的小莉说。

“就是就是，这些全部都是给她买的，她还不高兴。”幺鸡适时插了一句。

小莉狠狠地瞪了幺鸡一眼，对我说：“猫，你过来看。”说完站起身来把我往卧室引。

我站在卧室门口，犹豫着要不要进去。

“你看。”小莉已经走到了卧室的梳妆台处，顺手拉开了抽屉，“你看看这上上下下里里外外，全是化妆品，而且大部分都是不知道牌子的化妆品，有些，虽然也认识，但也不是我能用的。”

“哇，真的很多哦！”我看了小莉的化妆台一眼，又瞟了下幺鸡。

幺鸡讪笑道：“这还不是买给你用的，还不是想让你年轻漂亮一点儿。”

“屁！”小莉使劲把“屁”字往地上扔，“这些不都是你交的那些狐朋狗友推销给你的？还有这些，你看看，什么美容卡、洗脚卡、美发卡、健身卡、打球卡……居然还有什么烹饪班的上课卡！”小莉似乎越说越生气，把那些卡使劲往床上扔，扔得满床都是。

“你怎么说话呢？！什么叫狐朋狗友？他们都是朋友！在家靠父母，出门靠朋友，这句话你知道不？多条朋友多条路你知道不？儿子上学那年，他是10月生的，学校不肯收，要不是我找朋友帮忙，他就得晚一年读书。你有这本事吗？”幺鸡也生气了，也不管是不是还有我这个外人在，瞪眼就吼了起来。

听他们这样一吵，我也大概知道是怎么回事了，但还没来得及说话，外面就传来敲门声。幺鸡跑去开门。

还没出卧室的门呢，就听一个男人扯着大嗓门说：“今天运气好，钓了好几条鱼给你拎过来了，麻烦让弟妹烧一下，我们现在踢球去？”

幺鸡还没来得及回答，我和小莉已经走到了客厅，那人抬眼看到了我们，我也看到了他。他一手拎着根钓竿，面前地上放着一个铁皮水桶，脚上还踩了不少黄泥。那人一见到我，说了声：“唉哟，你们家有客人啊？！那就不打扰了。”说完拎起地上的水桶转身就要走。

“欸！你把鱼留下！”小莉从我身后冒了出来，冲那人喊。

“哦哦，呵呵，你看我。”那人有些不好意思地把桶重新往地上一放，快步下了楼。

“你怎么这样！”幺鸡看着小莉，指责她不该让人家留下鱼。

“哦？他拎两条小鱼就要在这蹭饭吃，一看蹭不成，连鱼都舍不得留下。他钓了两条鱼就拿我这来烧，他凭什么啊？说好听点儿是给我们送鱼，可事实上这鱼我哪回还吃过不成？还要搭酒搭肉伺候他！这回，我让他把鱼留下怎么了？”

“你！不可理喻！”幺鸡甩手就要出门，走到门口回过头来才想起对我说了声“对不起”，然后“蹭蹭蹭”快步跑下了楼。

小莉把门一关，哭了起来。

我向来不太会安慰人，除了给小莉拿纸巾，一时无语。想了想此行的目的，只好说：“先不说幺鸡交的那些朋友是不是狐朋狗友，只要他对你没二心，还惦记着这个家就行了呗，哪个男人也不愿意天天围着老婆孩子转吧？再说，幺鸡要是真是个连朋友都没有，天天下班就回家做饭的男人，估计你还不喜欢呢。”

小莉一直没回答，但哭声明显小了下去。

我看了下时间，有点儿着急，只好说了几句大道理：“家和万事兴，幺鸡交朋友买东西也不是啥恶习，体谅包容一下就好。时间不早了，我得赶紧走了，万一遇到堵车耽误了接儿子就麻烦了。”

“哦，那……有时间再联系。”看得出来小莉不想让我走，但我也真的没办法再待着了。我把手机号给了她，让她有事打我电话，然后匆匆离开了。

刚吃完晚饭，小莉的电话就打过来了，告诉我幺鸡下午走后到现在还没回家。然后小莉告诉我她之所以跟幺鸡吵架，是因为幺鸡这个人好面子讲义气。也不知道他在哪认识了一些朋友，这些朋友的生活圈子都不是很富裕，有的开个小店，有的搞销售，有的做保险，等等。“你真以为你今天看到的那些东西都是幺鸡因为爱我买给我的吗？那些都是他那些所谓的朋友推销给他的，他自己拉不下面子只好买回来。这些东西有的比市面上卖得还贵，有的质量差，有的压根就是三无产品。你今天下午看到的还不是全部，厨房里还一堆米啊面啊油的，我儿子的衣服3年不长个都穿不完！还有，他那些朋友，有好几个都像今天那个人一样，不请自来，来了还不走，不走还把我家当自己家一样，想吃就吃，想喝就喝，就连我儿子想看个动画片，还得由着那些人。因为那些人是客人！”小莉越说越气愤，我都插不进嘴了，但也从她对幺鸡的控诉中，知道她为什么生气了。

像幺鸡这种因为要面子而不懂得拒绝的人，确实很让人替他着急。尤其我知道他们夫妻俩的工资都不高，幺鸡这样把钱花在不该花的地方，换了谁做他老婆都难免要生气。

我看了一下时间，已经不早了，今晚还得赶一个稿子，只好匆匆结束了与小莉的对话，告诉她，明天我抽空好好说一下幺鸡。小莉听我这样说，才挂了电话。

天一亮我就后悔了，想着不该答应小莉帮她说幺鸡，但既然已经答应了，我也别无他法。我直接在QQ里给幺鸡留言，把小莉的话转告给了他。然后还设身处地地以一个女人、一个别人老婆的身份，对他买那些东西及办那些卡，包括邀请朋友到家做客，给了点儿建议。告诉他，不懂拒绝，就等着被烦死。交际没错，错的是不加选择和不懂拒绝。还推荐了一两本书给他看。幺鸡在网络那端没出声，也不知在不在，或者不知道怎么回答。

没想到，晚上小莉的电话又来了。电话一接通，小莉的话就像连珠炮一样从耳机里射了过来：“猫啊！你今天是怎么跟幺鸡谈的啊？为啥他一回来就冲我发了通脾气，说我不该把家里的事说给你听？还说我如果不喜欢他买回来的那些东西，他通通拿给他爸妈、同事；说我不喜欢他那些朋友到家里来，他就跟朋友到外面去吃。这不，吵完后又走了，我饭都做好了……”电话那端传来小莉的啜泣声。

我一时惊呆，无语。

脑子里突然跳出一句话来：“清官难断家务事。”我猛然意识到，自己这个外人，实在不应该对他们夫妻间的事做任何评价、指导和判断。

显然，幺鸡已经在心里讨厌上我了，而小莉……我突然想到今天白天对幺鸡说过的话——“不懂拒绝，就等着被烦死”。我发现在这一点上，我犯了只会说人不会说己的毛病。他们之间的事，我这个外人再掺和下去，后果有点儿不堪设想。于是，我只好打断小莉的哭泣，说：“家家有本难念的经，你看我们这么长时间没联系了，你们俩具体情况我也不清楚。也许今天我对幺鸡说的话没起到什么作用，不过，你作为他的老婆，你的话不也没对他起什么作用吗？我想我真的帮不上你们的忙，很抱歉，我还有点儿事，先挂了。”说完，也不等小莉回话，就挂断了电话。

我知道，这次挂断，怕是和他们之间的联系也切断了。值得和不值得，是因人而异的。说深了跟价值观有关系，说浅了就是萝卜青菜各有所爱。我无法评价幺鸡的价值观、交友观，但我知道，我是个不喜欢被别人的家务事烦扰的人，所以，我决定做一个在小莉眼里不值得一交的人——不再接她的电话。

有的时候，不要浪费了遇见的缘分。

有的时候，不要浪费了分开的缘分。

让你交着不舒服的朋友，就不是朋友，残忍一点儿，不交。

委曲求全，他人并不感激

有一个姑娘，长得有点儿小胖，主要原因是她管不住自己那张爱吃的嘴。

每一次，只要那姑娘在她妈面前信誓旦旦：“我要减肥，这次我一定要减肥！我一天只吃一顿饭，另外两餐只吃一个苹果。”她妈就会炖排骨或炸鸡翅、烤肉串……

最后，那姑娘终于忍不住了，问她妈：“我说亲妈啊，我不是您充话费送的吧？为啥我每次一说减肥，你就要这样对我啊？”

她妈把眼睛一翻，淡淡地说：“专治各种不服。”

没想到她妈一句开玩笑的话，惹得那姑娘号啕大哭起来，一边哭一边蹲到了地上，说：“我服还不行吗？我不减肥了，我再也不减肥了！”

这下倒把她妈吓着了，手忙脚乱地去拉姑娘：“哎呀，你这是咋了？我逗你玩呢！减减减，你减，妈马上把这些东西扔垃圾桶里。”说完就要去扔，却被姑娘一把给拉住了：“妈，你别扔，我只是难过，想找个理由哭一下。”

那姑娘不是别人，是我的闺蜜——娟。

那个时候，娟跟辉的关系有点儿危险，她在公司的工作也不太顺心。

辉是娟在工作上认识的一个客户。

第一次见到辉的时候，他得体的穿着、幽默的谈吐就吸引了娟的注意。只是那个时候娟知道辉已婚，而且有个女儿。所以，娟把心中的那份喜欢强压下去，但也因为心中有了辉，她没开始别的感情。

转眼，娟认识辉快一年的时候，辉因为投资失败亏了一大笔，而家里的那个女人也跟他离了婚。辉那时的生活乱得如马踩烂泥——不堪一提。

而娟知道这些后，居然疼得不能自已。她走近他，安慰他，关心他。

他接受了她。

二人感情发展得很顺利，时间不长，两人就住到了一起。

娟的父母自然是反对女儿去给别人当后妈的。

娟对父母说：“看到他，整个人都想马上飞向他；看不到他，整颗心时刻都想念他。他快乐，自己比他还快乐；他不快乐，自己比他更不快乐。这样，我还能不嫁给他吗？”

娟的父母无语，只能送出默默的祝福。

可是娟的父母在点头的那一刻，也许做梦都没想到，他们不同意的婚事，他们认为下嫁的女儿，对方家里也不肯简单接受。

辉的父母认为，再美的爱情，亦敌不过凡俗的人间烟火。激情过后，所有的风花雪月都会扑簌簌掉落到婚姻的尘埃里。娟这样的年轻女子，虽然不是多美丽，但她的年轻就如同清晨绽放的牵牛花，她如何能心甘情愿日复一日为辉与另一个女人生的孩子做嫁衣？而且，没当过妈的女孩子，不一定会当妈，也不一定肯当“妈”。

娟自然明白辉的父母最后一句话的意思，也为了让他们打消顾虑接受自己，她努力学当一个好儿媳、好妈妈。

娟想起在一些书上看过的心灵鸡汤，想用爱来感动辉的家人，让自己被接受。第二天，她特意提前半个小时起床，去给辉和她女儿买早餐：有包子、油条和豆浆。

可是当娟笑盈盈地叫醒辉和他的女儿时，辉倒是感激地说了声：“辛苦你了！”而辉的女儿却一把把油条扔到地上，叫道：“我妈说了，外面的油不干净，不能吃油炸的。”

辉脸有怒色，似乎想发脾气，被娟悄无声息地拦住了。然后娟轻声对辉的女儿说：“你妈妈说得对，外面的油确实不好，是阿姨想得不周道。那你吃包子和豆浆好不好？”

“不好！我妈说外面的包子都是死猪肉做的，豆浆也是烂豆子！”说完，那孩子把豆浆打翻，白花花的豆浆瞬间流了一地。

“那你想吃什么，阿姨明天早上给你做。今天让爸爸带你到外面吃早餐，好不好？”娟仍然对辉的女儿轻言细语。

那天早上的事，被娟以包容和冷静给掀过去了，结局是她每天早上要提前一个多小时给辉和他女儿准备早餐。而晚上，她一下班也要先赶去菜市场买菜，再挤公交去给他们做晚饭。

她知道，“收买”辉的女儿，是她走进这个家庭的第一步，第二步就是取得辉父母的好感。

为此，她尽量满足辉女儿的一切合理或不合理的要求，即使那孩子冲她大吼大叫，她也笑脸相对。一到周末，娟会买上一大堆菜，然后三个人一起去辉的父母家小聚。娟不但会忙里忙外做一大家子的菜，饭后还会给准婆家打扫卫生。当然，这一切，辉都看在眼里。

如此，辉的父母也没再反对他们的婚事。

这天周六，娟还是像往常一样先去超市买了各种菜回来，叫醒辉和他女儿，正准备出门去准公婆家的时候，她的电话响了，是公司领导打过来的。说有份材料他急着要，而负责此事的小张却怎么也联系不上，所以让娟赶去公司帮他整理出来。

娟一听就急了：“这些资料我听小张提到过，不是一下子就能整理出来的啊。”

可是领导却不听她的解释，只说让她半个小时内必须赶到公司，否则周一就别去上班了。

娟只好跟辉说抱歉，让他带着孩子和东西先过去，等她把材料整理完再赶过去。

辉尽管有些不乐意，但也没说什么，毕竟这是工作上的事。

等娟紧赶慢赶把资料整理出来交到老板手里后，都快中午12点了。娟连忙关了电脑，拦了辆车赶去了准公婆家。

门还没开，娟就听到里面欢声笑语的，这是有什么喜事吗？

是准婆婆给她开的门。门一打开，准婆婆就说："怎么才来啊？！妞妞都叫几次肚子饿了，赶紧洗把手做饭去。"说完就转过身回客厅聊天了，娟还没来得及心凉，抬眼先看到家里来了客人：妞妞的亲妈，辉的前妻。

辉的前妻正一脸玩味地看着自己，妞妞偎在亲妈的身边看都没看娟一眼，而辉倒是走过来主动接过了娟手里的包，说了句："怎么才过来？妞妞喊了几次肚子饿了。这让她怎么看你？"

娟知道辉说的"她"是谁。而娟一肚子委屈因为这一屋子的人而无处发泄，她不明白为何这一大家子的人都在，有现成的菜，却还非得等她回来做。难道他们不知道自己刚从公司加了半天班赶过来的吗？但这些话她都没说，连忙去厨房做饭了。

等做饭、吃饭、洗碗一系列忙下来，娟感觉快累散架了。当她终于在辉的旁边坐下来时，准婆婆看了一眼娟，说："女人家要以家庭为重，不要太忙于工作了。"

这时，妞妞的亲妈也在一旁附和道："就是，女人再怎么忙工作，也不能给家里多挣多少钱，还是把家庭管好才行。你看今天都快两点才吃上饭，这一大家子有老有小的，把他们饿坏了怎么办？"

娟终于忍不住了，冲那女人喊：“你好你为什么和辉离婚？你好你为什么不做饭，要等我回来做？”说完她站起身拎包出门——没回她和辉的“家”，回了娘家。

她怕老妈看出来啥，所以故意装作啥也没发生一样说自己要减肥，于是，就有了开头的一幕。

但娟没敢把这些事说给老妈听。她知道，她说了，只会让老妈着急上火。所以在老妈面前哭了一通，只说是被老板骂了。然后跑到了我这里，对我说了前面的事。

我在听娟讲这些的过程中，一直把一只手的四个手指在桌上来回地敲，因为我有些烦躁还有些生气。

因为我知道，不是什么事儿都是你应该的，更不是你为别人做了什么，别人就会同样对待你，不是你付出了真情，就一定会有好心的回报。

总有人以为一颗真心能够打动人心，能够让人明白一切，但是事实呢？对有心人是，对无心人否。

生活不是用来妥协的，你退缩得越多，你表现得越卑微，尊重就会离你越远。无须把自己摆得太低，更不要委屈自己，因为你的委曲求全，他人并不一定感激。

娟的准公婆显然把她做的一切当成了理所当然，压根就没意识到那只是娟为了得到他们的认可而做的努力。对于理所当然的付出，当有你某一次没有做到的时候，当然会遭受埋怨。

而辉表面上似乎很心疼娟，而实际上也把她做的一切当成了理所当然，否则，他不会也在家里等着娟回来做饭；否则，他不会在前妻和母亲责备娟的时候，一句话也不帮她说。

嫁人，一定要嫁个真心对你好的人，这个好，不是物质上的好，也不是言语上的好，而是行动上的好。娟为了与辉在一起一直在委屈自己，却并没有得到应有的尊重与感激，而辉做过什么努力呢？仔细想来，辉应该是不爱娟的，娟只是那个恰好出现在他最需要被人关爱的时间段里的人罢了。若辉真爱娟，必舍不得如此委屈她而自己什么也不做。在面对一桩不被人祝福的婚姻时，是需要两个人共同朝目标走去的，而不是只其中某一个人走，另一个人只是远远地等他（她）走过去。这样的男人，不值得嫁。

爱是沙子，有些人是蚌壳，将它吞纳，磨成珍珠；有些人拿它拌成混凝土，筑成坚固的城墙；有些人修筑沙堡，任它承受潮汐起落；有些人，专把沙子放进眼睛里。

辉是沙滩上筑沙堡的那一个，看得见娟的委屈却没有实质性的付出；辉的父母是把沙子放进眼睛里的那一个——你所有的好她都看不见，她只看得见你哪怕一次的不如意；而娟是哪一个呢？她是蚌壳吧，可是，她却没有把沙子变成珍珠的本事。而我，也不赞成受日日的针扎之苦，消磨了自己成全了沙子，我愿意做把沙子挑出来的那一个。

如果爱，就要互相尊重，把自己和对方放在一个平等的位置上，既不能委曲求全，又不能高高在上。如果做不到，就不是真正的爱情，趁早分手。

甘愿免费陪聊，就会成为别人的情绪垃圾桶

被人信任，是一件美好的事；懂得倾听，也是一种美好的品格。只是生活如同跷跷板，过低或过高都会掉下去。只有找到那个平衡点，才能过好真正的人生。

我想起了拉拉和波。拉拉是我曾经的邻居；波，是拉拉的前男友。据说，他们的分手是因为拉拉埋怨波陪她的次数太少；而波说拉拉小气，不懂事，不懂得体贴人。

当年，拉拉跟我很要好，所以，对于他们分手的细节我知道得很详细。而在拉拉对波提出分手的时候，波也曾跟我抱怨过拉拉。都说清官难断家务事，他们确实是公说公有理，婆说婆有理。当年的我也年轻，只看得出他们之间的表面问题，而看不出问题的根源。

分手后的他们又拉扯了两年之久，只因为彼此都放不下对方吧，但最终还是不能互相改变或包容，最后的结果还是天各一方。

大概在2009年的时候，跟我还能天天见面的拉拉居然辞了大学老师的工作，出了国。刚开始还和我在网上有联系，渐渐地联系也少了。而波一直与我保持着一年通一两次电话的关系，不外乎春节期间发个祝福什么的。——似乎，他们俩都从我的生活中淡了出去。

只是去年——距波与拉拉分手已经有7年之久了——波突然问我有没有跟拉拉联系，他想要拉拉的电话号码。

我告诉他，自从拉拉出国后我们最初也只是在网上联系的，我一直没有她国外的电话号码。而现在已经很久没联系了，不知她MSN还有没有上。不过，应波的要求，我还是把拉拉的MSN号码给了他，但他很快反馈我，拉拉似乎一直没上过这个号。

然后，波突然对我说："你知道吗，我跟拉拉分手4年后才试着又谈了一个女朋友，但怎么也找不到当初跟拉拉在一起的感觉，很快又分了手。在这个女朋友之后，我又谈了两个，但没一个能修成正果，不是别人不好或是别人不喜欢我，是我不用心，因为我一直放不下拉拉。现在事隔7年，我再去找拉拉，并不是想与她重修旧好。当然，如果她还没结婚，如果她愿意，我求之不得。只是这个可能性不大，她今年也34岁了，像她那么优秀的姑娘应该早就嫁了吧？我找她的目的，只是想对她说声对不起，让自己能真正放下过去。我想，我现在一直不能接受别的姑娘是因为没有真正放下过去吧。"

"对不起？虽然我也一直很遗憾你们当年的分手，但你们当初是因为合不来才没在一起，要说对不起，谁还没有对不起对方的时候呢？只是，也不至于大到让你放不下的地步，大到一定要说句对不起才能重新开始的地步吧？”我有些疑惑地问。

“不，是我对不起她，这三个字，我应该对她说的。我用了7年时间，才明白了自己当年的错；我用了7年，才学会了爱拉拉，可是，我已经找不到拉拉了。”

想起拉拉搬到我对面楼与我做邻居的时候，那是2004年。她住的那幢楼全是一居室，是学校留给未婚教师住的，偶尔也会有在读研究生占用一两间。

那时候，我刚结婚不久，为了多挣点儿钱，先生去了外地，一两个月才回来一次。而大学老师因为不用坐班，拉拉也多的是空余时间。那时候，电脑、网络也刚刚开始普及，我们还不习惯于天天泡在网上。所以，我和拉拉在一起的时间非常多，关系也非常亲密，亲密到我们随时出入对方的家，随时说我今天不想做饭了，到你那去吃。当然，我吃拉拉的次数比较多，因为我那时是一个人，而拉拉是两个人。当然，波不介意我当他们之间的电灯泡，因为，他确实没多少时间陪拉拉。

波上班的地方距我们住的地方有一个多小时的车程，有时候碰到堵车要两个小时。所以，波一般是晚上七八点才能到家。

据拉拉说，波一回来，晚饭都已经准备好了，可等吃完饭，她洗完碗、收拾好其他杂事等，就是八九点了。而那个时候，她再去找波，波不是在打电话，就是上网，几乎每天都是如此。“找他的也不知道是些什么人，反正波总说是朋友。我也观察过，不是那种关系的女性朋友，他与别人之间也不存在什么暧昧，所以，我也只能由他去了。但他几乎天天如此，谁受得了啊！我一天到晚就是晚上能有跟他面对面说会儿话的时间，他却总是陪别人，我还是他女朋友吗？”这是当年拉拉给我说的最多的话，所以，我至今记忆犹新。

而他们在闹分手时，波则是这样给我解释的：“我发誓，我没有做过对不起拉拉的事，我没有脚踏两条船，我甚至连跟人家暧昧一下的心都没有！找我的人绝大多数是同学或同事，偶尔也有网上认识的，但他们都是遇到了困难，或者有什么心事才找我的。你说这种情况下，我怎么能对那些人置之不理呢？比如我一个女同事，也算是我师傅级别的人，她的婚姻出了点儿问题，自己不知道该怎么办，就打电话询问我，问从男人的角度是怎么想那件事的。我这个女同事都四十多岁的人了，她能给我讲这样的话，是出于对我的信任，没把我当外人，你说我能置之不理吗？”

波当初还跟我举了几个例子，我记不清了。我记得最清楚的一句话，就是他结束的那个反问句：“你说，我能置之不理吗？”

我当时认为波说的也不无道理。在那种情况下，他似乎没有不理人家的道理，否则就会显得太冷血、太不近人情。所以，我往往跟拉拉一样，被问得哑口无言，反过来，只好又去劝拉拉多理解波，说那么多人找波，是因为他人缘好，值得信任，云云。

起初，这些调解的话，还是能起到一点儿作用的。但任何事情都架不住时间，或者说架不住屡教不改吧，至少拉拉是这样认为的。他们之间的矛盾越来越大，“战争”越来越频繁，而我，只能隔岸观火了。

这就是他们当年分手的全部经过。

所有的分手，肯定都有理由；所有的分手，也都有对不起对方的时候。所以，当我又回想了一遍波与拉拉的当初，我还是那句话，他们之间只是不合，不存在谁真的对不起谁。

“不，我当年的想法跟你是一样的，但现在我才知道，是我对不起她。”波说。

波坐在我的对面，多年不见，他成熟了不少，人也清瘦了，模样倒不显老，只是眼里有了太多我读不懂的东西。

“我现在才知道，那些当初让我引以为荣的所谓被人信任，不过是当了别人的免费情绪垃圾桶。”波用这句话做了开场白。

“情绪垃圾桶”这几个字是谁先发明出来的，我不知道，我知道我们或多或少都向别人倾倒过情绪上的垃圾，也或多或少当过别人的情绪垃圾桶。我想，这真如波所言，因为友谊，因为信任。但，凡事都有个度，不管哪一方过度了，都是不对的。所以，如今听波提到这个概念，我只短暂地惊讶了一下，就选择请他继续。

“当年的我算得上是比较优质的倾听者，别人要跟我倾诉，我觉得这是别人对我的信任。这种温暖信任感会让人有耐性地倾听、理解、知觉、感同身受去体验对方讲的那种情境、心理。如果对方希望我能够提一些建议和看法，我也会娓娓道来，不吝去讲我的感受与分析。这种倾听本身就是最好的安慰，对于大多数人，能够把经历的事或情绪说出来，这里面有一个语言组织的过程，说起来挺复杂，但这种重新回忆与建构的过程也是渗透自我情绪与认知的过程，通过此，可以很好地了解到对方的真实情境，之后的交流也才有建设性意义。当然，被倾诉其实也有积极意义，因为每个人都是一扇窗，一个世界，对方真实细腻的倾诉，也是在展示另一种异于自己的生活，通过比较，得以重新审视自己的生活与人生也挺好。我一直是这样想的，我也一直以为自己挺崇高的，呵呵。”讲到这里，波笑了下，“其实，我这样想本没什么错，错在我太沉浸其中了。从而当了人家的情绪垃圾桶不说，也影响了自己的生活。拉拉与我分手就是个最好的佐证。”波又笑了下，这次是苦笑，也有点儿自嘲。

“每次，别人一找我倾诉，我总是放下手里的事去倾听，并且感同身受地或提建议，或安慰人家。这些年来，我一直这么做，似乎也习惯了这么做，只是最近发生的两件事，让我对这件事，以及对我自己有了重新的认识。

“我一个大学时代的同学，从毕业以后在工作上我尽力帮过她不少，现在她发展得比我更好。最近婚姻出了些问题，屡屡找我倾诉。差不多有半年多的时间吧，不离婚、离婚、不离婚、离婚，反反复复。其实说的东西都差不多了。我在看电视时她打来电话；我在睡觉时她打来电话；我在吃饭时她打来电话……前几天，我正在跟客户商讨一个新的工作方案时，她又打来电话。我说，我有点儿事，让她等会儿再打。她当时倒是挂了电话，可是，不到10分钟又打来了，我没接给挂了。没承想，过了不一会儿，她再一次打过来了……当时我们领导也在场，领导很不高兴，我只好把手机给关了。

“谁知道等我开机后，她就质问我为什么不接她的电话，还关她的机。她说她是因为非常烦非常想找一个朋友倾诉，她说你知道吗，我第一个想到的就是你！可是你一点儿也不会替别人考虑，一点儿也不会换位思考……”

“你知道吗？我当时真的惊呆了！她每次一打电话来，我都是第一时间接，第一时间安慰，就那一次没接她的电话，我就成了不替她考虑、不懂换位思考的人了。可是，她替我考虑过吗？她明明知道那个时间段我是在工作，而且我也告诉她了我当时有重要的事情，她还接二连三打过来，我不接她电话，她居然责备我？！到底是谁不替谁考虑，谁不会换位思考？

“几天后吧，我刚才说的那个新的工作方案开展得很不顺利。之所以不顺利是因为各方面的协调不到位，这个我已经去做了，有些东西是需要时间去等的，这并不是我能左右的。可就是这样，老总对我也颇有微词。我心中也委屈啊，那天又碰巧在路上跟人起了点儿口角，所以心情非常不好，就想到了一个平时联系颇多的哥们儿，想跟他诉诉苦，却没想到，他一句‘唉，多大点儿事，我在陪儿子做作业呢，没时间，挂了’，就真的把我的电话给挂了。你不知道，他平时比这还小的事都会找我，一说就是半天，我没想到，我找他就这么一次，他就挂了我电话。”波再次苦笑了下，还耸了下肩。

“人家没做错啊，人家觉得陪儿子比听你讲那些重要啊。”我说。

“是啊，我现在才知道人家没错，错的是我，错在我免费当了别人这么多年的情绪垃圾桶，只为了那点儿自己也不明白的似乎被人信任的虚荣心！其实，人家信任也许是有的，但更多的是把我当成了情绪垃圾桶，而我却乐在其中忽略了自己的生活，还失去了拉拉。”

听到这里，我终于明白波想找拉拉的原因了。

只是，不是所有的对不起都有机会说的，有些失去，永远没办法找回。

我希望波不要从一个极端走到另一个极端，既然知道了问题出在哪里，在以后的生活里学会合情合理处理事情就好。

第五章 CHAPTER 5

如果你知道去哪儿，全世界都会为你让路

给过去一个交代，给自己一个新开始

我接到高中同学李桦的电话，他说他带着老婆孩子从英国回来了，想约我们这批旧同学聚一聚，并特意叮嘱我一定要叫上刘苗苗，他说他不想直接联系刘苗苗。

他的这点顾虑我知道，他和刘苗苗那段恋情，我也知道。

我说好吧，我联系一下她，但我不敢保证她一定来。

李桦在电话里沉默很久，然后一字一顿地说："请、你、一、定、让、她、来！"

我顿时明白，他这趟回国，怕就是为了见刘苗苗一面吧。

我想，见下也好。于是，我联系了刘苗苗。

没想到刘苗苗来见了我，拿了一本书给我，说，书是她写的，为李桦写的，也是她今生写的唯一一本书。然后又说，她不去见李桦了，请我把书转交给他。

我说，我可以看吗？

她说，当然可以。

于是，她走后，我翻看了书。书，字数不多，只五万字。书中没有青春故事，而是一本童话书。也许其他的同学看过这本书，也只当是一本童话书，但我却看懂了，她确实是为李桦写的。我相信，当李桦看过书以后，就会明白刘苗苗想对他说什么了。

要说刘苗苗为什么会写这本书，故事要追溯到很早很早以前，早到他们还在穿开裆裤。

他们穿开裆裤的时候我还不认识他们，这些都是刘苗苗讲给我听的。有些细节则是出自刘苗苗写的书，我根据书中的故事推断出来的，虽然不是完全详尽或真实，但大抵情况总是对的。

刘苗苗和李桦是农村人，他们的父母是邻居，两人母亲的怀孕期非常接近。当他们还在娘肚子里的时候，两家人就开玩笑说，如果两家生了一儿一女，就做亲家。巧的是，他们俩还真是一男一女，更巧的是他们俩还是同一天出生。

农村人有农村人的生活方式，他们压根不在乎小孩子早恋什么的，相反，大人们从小就开他们俩的玩笑，说刘苗苗是李桦的老婆。那时小，他们还不懂“老公”“老婆”是什么意思，但有一点他们都感觉得到了——他们俩之间的关系，与其他小朋友的关系是不一样的。

也许正是因为这样，两个孩子从小感情也特别好。

那时候刘苗苗个子长得比李桦要高大些，有孩子欺负李桦，刘苗苗总是如老母鸡护小鸡一样拼命，就算自己被打得鼻青脸肿，也要把欺负李桦的孩子给打趴下。李桦对刘苗苗也很好，有好吃的、好玩的，总是第一个想到刘苗苗。如果好东西只有一个，比如只有一根棒棒糖，那他宁可自己不吃，也要留给刘苗苗。

转眼，他们上初中了，也懂得“老公”“老婆”是什么意思了，但并没有因为懂了，就开始保持距离。相反，他们还是一如往常地亲近。刘苗苗告诉我，他们那个时候就早恋了。双方父母也知道——也许早就知道有这么一天——根本没反对的意思，这也让两个孩子的早恋平安地发展了起来。

高中，他们俩同时考进了城，与我同班，可能是农村孩子读书晚的原因，他们比我大两岁。

虽然考进城的农村孩子还有其他几个，但他们俩的感情却越发地不一般起来。他俩也大方，在我们面前毫不隐瞒他们的恋情，只是顾忌到老师对早恋一事较敏感，没有太公开罢了。后来我想，老师可能也是知道的，但他们俩学习一直都很好，也就睁只眼闭只眼吧。

高考结束后，他俩都回家等消息。那个时候手机还没普及，农村装电话的也几乎没有，所以，我基本上与他们失去了联系。直到上大学后，才渐渐从其他同学那得来消息，李桦考去了浙江，而刘苗苗居然去广州打工了。有说刘苗苗高考发挥失常的，也有说她只考上一个自费的学校，她不想读。反正，她从此就成了社会人了。

大一的时候，我还见过李桦一面，说刘苗苗当初学习成绩那么好，即使那次高考失利，也应该复读一年，来年再考。

李桦当时说："我跟她说过啊，我说我等她，我让她复读，明年考到我就读的学校，两人就又可以在一起了。可是你猜她怎么说？她说：'我可不想再进一次地狱，难道你不知道高三生活不是人间吗？再说了，女孩子是越来越笨的，家里有亲戚已经在南方给我找了一个相当好的工作，等你到大学报到了，我也去上班了。'唉，反正女孩子，高中毕业也可以了，对吧？说实话，如果是我没发挥好，我也没勇气再读一年高三了，但你放心，我对她的心是不会变的。"这是我跟李桦在大学期间的第一次见面，也是第一次谈话。

第二次，是大三的时候。

那年春节，我一个和李桦同村的亲戚办喜事，我也去了，然后利用空闲时间就想去见一下刘苗苗，没见到，她父母说她今年没买到票，没回来。而李桦的父母恰好在刘苗苗家唠家常，听说我是刘苗苗的高中同学，连忙热情地说李桦现在在家，让我去跟他说说话，说他现在可能心情不好。于是我就去了隔壁，见到了李桦。

李桦一个人在家，他门没关，我听到他在耳房里的动静，也就没敲门直接进去了，结果，我看到李桦居然正拿着一张纸在哭。

"你……"我看着他，有点儿后悔自己的莽撞——一个女人被人撞见了自己哭尚且都会不好意思，何况一个男人。所以，我站在那儿只说了一个"你"字，就不知道该怎么办了。

"你看！"李桦倒并没有因为自己的脆弱被人撞见而不好意思，反倒把他手里的那张纸递给我看。

居然是一张大学录取通知书！——刘苗苗的，与李桦是同一所大学！

当初所有的猜测都有了真相。诸如为什么刘苗苗说她高考没发挥好，但高考结束的时候，却一点儿也没流露出没考好的神情；诸如她成绩那么好，即使没发挥好，至少可以上个一般的学校，怎么会落到只能上自费大学的地步……这一切都有了解释。

“为什么？你们俩明明那么相爱，明明那么想在一起，为什么？”我问李桦。

“因为我！”李桦告诉我，他们都没想到大学的费用那么高，而他们双方父母都是靠天吃饭的农民，一年的收入也才万把块钱，哪供得起他们读大学？“所以，刘苗苗把录取通知书藏了起来，只说自己没考上，然后托他们家的一个亲戚在南方给她找了工作，去打工挣钱了。其实，这些年，她没少贴补我，学习、生活用品……有时，还直接给我打钱！”说到这里，这个身高一米八的男儿，再次当着我的面痛哭失声。一边哭一边说，“我当着你的面发誓：这辈子，我绝对不会做对不起刘苗苗的事，我要一生一世对她好，否则天打五雷轰！”

我的眼泪也跟着掉了下来，一边流泪一边说：“刘苗苗知道你有这份心，她所有的牺牲都值了。以后要对她好！”

“嗯！”李桦含着泪对我点头，用力而坚定。

那一次让我相信，男人的承诺其实是可以相信的，这世上也真的是有爱情存在的。

他们之间的变故发生在第二年，大四学年刚开始不久。

李桦居然从浙江跑到武汉来，只为见我。

当我看到他递给我看的信时，我知道他为什么千里迢迢来找我了。那封信是刘苗苗写给李桦的，是一封分手信。

直到现在，我都记得那封信的大概内容：刘苗苗在信的开始回顾了她和李桦的过去，从童年到现在，然后话锋一转，感谢李桦这么多年对她的深爱之情以及不离不弃等。最后话锋又一转，刘苗苗说她现在有了新男朋友，男朋友比她大5岁，是当地人，很有钱，对她也很好，说追了她好几年了，她一直没答应他。今年，她生了一场病，是他一直陪伴在左右照顾她，所以，她接受了他。最后还说，所有的爱情都会被时间和空间冲淡的，请李桦原谅她，忘了她……

电视剧里的狗血故事往往是一方牺牲了自我，成全了爱着的那个人，而被爱的那一个功成名就之后，却抛弃了当初成全他（她）的那个人。李桦与刘苗苗的故事却是相反的，李桦刚刚在8个月前当着我的面发誓要一生一世对刘苗苗好，不离不弃，如今，他却被刘苗苗抛弃了。

这一次，李桦哭得比上一回还要伤心。

那天，我一直陪着他。他一直哭，喝酒，耍酒疯，然后再哭，吐了也哭，哭了又喝，喝了又吐，再哭……

再后来，是第三天了，他酒醒了，人也似乎正常了。他让我陪他去趟邮局，他给刘苗苗拍了封电报，电报上就写了四个字：“祝你幸福！”

然后就买了回校的车票。

再然后我跟他就没有联系了。我只知道他大学毕业后去英国留学了，中间肯定也回过国，但我们没再见过，也没联系过，也很少有人知道他的具体情况。只是不知道这一次，他为什么突然要搞个高中同学聚会，又为什么一定要我叫上刘苗苗。我想刘苗苗可能知道，但她没跟我说。而她写的书里，其实是记录了她与李桦的故事，只不过，是以童话的方式。故事我看懂了，我也知道了刘苗苗为什么不去见李桦，而只是让我把书转交给他。

我见到了李桦。

李桦完全变了一个人一样，非常帅气，非常有气质、有风度。他说妻子是他大学老师的女儿，当年就是与她一起去英国留学的，后来他们相爱结婚。他们的女儿很漂亮可爱，非常礼貌懂事，已经8岁了。总之，他现在的生活非常幸福完美，让人羡慕。但我知道，这只是表象，我看出了李桦对他妻子的漠不关心。

没人的时候，我问李桦：“你这不像是同学聚会啊，怎么高中同学没来几个，都是你们同村人啊？”

李桦淡淡一笑：“我真实目的并不是想搞什么同学聚会，也不怕你笑话，我这大摆宴席的，其实就是为了让刘苗苗以及全村人看看现在的我。我，李桦，是多么成功的一个人！是多么让人羡慕的一个人！刘苗苗她当初为了钱抛弃我，是做了件多么愚蠢的事，我要让她后悔！”

“原来十几年了，不但刘苗苗没放下，你也没放下！”我叹了口气。

“什么叫刘苗苗也没放下？”李桦不解地看着我。

我掏出刘苗苗那本书来，递给李桦：“这是刘苗苗的书，她说这本书是她这辈子唯一出的一本书，也是为你写的一本书，你看完后再来找我吧。”

当李桦来找我的时候，他是流着泪来的。这是我第三次看他流泪了，也许是成年了的原因，他这次的流泪没有失控，但依然无比伤心。

刘苗苗的书叫《窗帘与窗户》。故事讲的是窗帘爱着窗户，为了他，她一直替他挡风遮雨。无意中，窗帘听到了主人的对话，说若不是舍不得这窗帘，他们一定把窗户装饰得更漂亮。窗帘突然就明白了，有时候，爱不一定是占有，也许，成全才是更好的爱！

“其实根本没有狗屁的有钱男朋友对不对？她当年跟我分手，就是知道了我现在的老婆喜欢我，只要我当年接受对方，对方就让她爸出资跟我一起去英国留学对不对？她怎么这么傻？就是为了让我有更好的前程，她牺牲了自己的前程不说，还牺牲了自己的爱情！你让我拿什么报答她啊！”说到这里，这个年近四十的男人，终于哭出声来。

我拍着他的肩膀：“刘苗苗是傻，可是事已至此，已经多说无益了。她只让我转告你，你过得好，就是对她最大的报答。你能放下对她的心结，她才能安心接受别人，从此开始正常的生活，结婚生子。”

“什么？！她还没结婚？”

“嗯，因为一直放不下，她没办法接受别的男人。这一次，她虽然没回来，但早就知道了你的具体情况，知道你有一个好的工作，一个好的家庭，她终于放下了，说自己可以谈恋爱了。如果你爱她，如果你想报答她，那就像她说的那样，放下心结，好好爱你现在的老婆和孩子，至少，她们也如刘苗苗爱你一样爱着你。”

第二天，李桦打电话问我要刘苗苗的联系方式，他说，他只想给刘苗苗发个短信，说两句话：一句是“对不起！”，一句是“谢谢你！”。

我想，这一回，他是真的放下了吧。

有时候，我们不开始，不是因为放不下，而是无法放下，因为，没有交代。这一点刘苗苗比李桦要明白。而如今，他们终于给过去一个交代了，那么，他们也将迎来自己新的开始。我相信，他们都会在未来的日子里，寻到自己的幸福。

不诚实面对现实，就无法看清未来

我有一个表弟，叫钢钢，长得有点儿小帅，有才，文艺，说话也幽默风趣，这样的男子自然是很招女人喜欢的。

表弟不花心，相反，他还很专情。所以，尽管主动示好的女性很多，但他并没有跟那些他认为没可能或没感觉的人有过多的交往。

直到黄小葱的出现。

表弟认识黄小葱那年已经29岁了。

黄小葱我接触过几回，是个很靠谱的姑娘：大方，善良，有工作能力，不贪财，明事理，长相还甜美，比表弟小一岁，说起来，也是适婚年纪。我们都认为这样一对大龄青年，又彼此对眼，婚事将很快提到桌面上，我甚至都准备好了礼金。

可是他们的婚事却一年拖一年，也不知道问题出在哪儿。要说房子，表弟有一套现成的，是父母趁房价未涨之前给买的三居室。

车，也有辆十几万的。要说不良嗜好和恶习，二人都没有。要说二人有外心，据我们明察暗探，也都没有，两个人心里都只有对方一个。表弟自然是想娶的，而据我们侧面打听，姑娘也是想嫁的。可问题就出在这，表弟想娶，姑娘想嫁，但姑娘就是迟迟不点头。

这一晃，几年过去。每每问起姑娘，姑娘总是叹气。弄得我们一干人包括表弟在内都只有干着急的份。曾经，也有人替表弟生气，说，那姑娘要是不肯嫁，你就换个人，这样不是耽误大家时间吗？都老大不小了，拖下去也不是个事。

其实站在局外人的角度看，这人说的也有道理。可别说分手，即使表弟试着一段时间不联系黄小葱，那心里就跟猫抓的一样难受。而黄小葱也是一样。这两人，还真是离不开彼此的关系啊。外人也只能对他们的状态表示无奈了，由他们去吧。

大概在一年半之前，我在逛商场的时候，似乎听到有顾客正在跟售货员发生争执。等我走过去一看，起争执的顾客居然是黄小葱。黄小葱说她前天在他们柜上预订了一款包，说昨天来买，结果昨天有事没来成，今天一大早就来了，他们却给卖了。这很明显是昨天给卖出去的。黄小葱认为是店方不讲诚信，让他们赔偿损失：要么现在给她包，要么按双倍价格返还预订款。售货员说昨天她休假，具体情况不是很清楚，打那个当事人的电话打不通，所以请黄小葱下午再来一趟。黄小葱当然不依，于是争执起来。

我弄明白事情原委后，也认为确实是店方不占理，但我知道，以黄小葱的性格不会这样逼一个非当事人的，于是就打了个圆场，把黄小葱拉了出来，说请她吃中饭，吃完后那个当事的售货员也该上班了，再问问情况。

黄小葱终究是个讲理的女子，听从了我的建议。

商场五楼是用餐区，我们找了家西餐厅坐了下来。

黄小葱的气似乎还没完全消，一坐下又唠叨起那店家的不是来，说着说着居然就哭了。

我一下慌了手脚，问这是怎么个情况啊，一个包，不至于吧？

黄小葱说，当然不是一个包的事，是她跟钢钢分手了。

我说："啊？怎么回事？是……谁提出来的？"

"我。"

"……"我不知道咋说，只默默递上了纸巾。一个主动提出来分手，却在分手后哭成这样的女人，想必不是因为不爱或者移情别恋了吧？

"钢钢是个好人，心地善良，对我也好。可是……我……祝他幸福吧！"说完，黄小葱站起了身，一边拿包一边飞快地对我说，"姐，这饭我不吃了，我先走了。"然后就夺门而出，留下一脸惊讶的我。

也是巧，就在我刚离开餐厅的时候，突然接到了钢钢的电话，他在电话里向我借三千块钱，说他跟黄小葱分手了，要出去旅游散散心。

我惊讶地握着手机半天说不出话来——不是惊讶于他说和黄小葱分手的事，是惊讶于他一个三十多岁的人，在无任何经济压力的情况下，居然连三千块钱都要找人借！

我说你不是开了个小广告公司吗？怎么连三千块钱都拿不出来？

表弟说他那广告公司早垮了，这几年就靠东接一点儿活西接一点儿活过日子呢，偶尔还有点儿稿费。

我更惊讶了，他接的活我不是很清楚，但听他的口气应该挣得不多。他偶尔也写点儿东西，偶尔也有点儿稿费。但他的能力我知道，也就偶尔发点儿期刊稿。就那点儿稿费，还不够我买一套名牌护肤品的，他居然靠这些过日子？

我说："你不是找人拉赞助搞了个农家乐吗？"

表弟说："唉，那事，临了投资人不投了，你看现在那些农家乐只要味道好的，哪个没赚钱？我是当初没本钱，如果有，我现在不说千万，百万总有了吧？"

我说："那你洗车行那事呢？"

表弟说："那个啊，现在洗车的太多，我不想做，要做就得做点儿特别的，比如电脑洗车。可是这个投入也太大了，我也拿不出这么多本钱啊。"

我"哦"了一声，说："那你借这三千块钱，你打算什么时候还？用什么还？我可没打算把这钱白给你。"

表弟说："可不敢让你白送，还，肯定还。只是，半年后还吧，我过了几篇稿子，都排在半年后了，一拿到稿费我就还你。"

我终于沉默了，心里有话，却不知道该不该说，或者该怎么说。但最后，我还是没憋住。

“我知道黄小葱为啥一直不肯答应嫁你了，她为啥又跟你分手了。”

“为啥？这女人虚荣呗！嫌我没钱！”表弟似乎很生气。

我说：“你错了，黄小葱并不是虚荣，也不是爱钱，她只是考虑了现实。你的现状让她看不到未来。恰恰相反，正是因为她不虚荣不爱钱，只爱你这个人，才跟你蹉跎到现在。要知道，一个女孩子，一过30岁就是大龄剩女了，你以为她不想嫁吗？

“你说你一个三十多岁的人了，连三千块的旅游费都要跟人借，而且还要半年才能还，也就是说，你连在这半年内赚三千块钱的把握都没有。那么可想而知，你和黄小葱处的这几年，你给过黄小葱什么？除了精神上的东西，物质上的怕是少得可怜吧？即使有，应该也是地摊货。我并不是说给了物质或者多贵的东西才能代表你爱她，但你不得不承认，物质的贵贱也能给女人更多的安全感吧？

“你一个口袋里没一分银子的人，还旅个毛的游啊！别听那些人胡咧咧什么‘说走就走的旅行’，那也得考虑现实。你以为说走就走就是潇洒吗？请问你是把你妈照顾好了，还是把你女朋友哄好了？请问你是工作做好了，还是为国为这社会做贡献了？请问你是自己有钱，抬脚就能走，动手就能订酒店、机票呢，还是……”

我的排比句还没说完，表弟在电话那端咆哮了：“我这么大个人了，不用你们教我怎么做！你们一个个都这样，我妈这样，黄小葱这样，你也这样。你不借就不借，我找别人借去。哦，对了，我前段时间刚认识了一个很有钱的富二代，他说他很欣赏我，让我写个剧本，他投资拍电影呢，到那个时候我就有钱了。”“啪”电话挂了。

我很淡然地放下手机，因为我知道，他生气是必然的，我说话如此不留情面，任谁也脸上挂不住；而我也知道，为什么仅仅三千块钱，他能借到我这个平时来往并不算多的表姐头上；我还知道，他继续借，如果还是这个理由，他还是借不到。

诚如黄小葱评价的那样，表弟善良，有理想有抱负，也有点儿才，可是，他缺少了一些脚踏实地。他如果把聪明才智都用在实干上，他应该是一个牛人。但现状却是，他只是虚幻中的牛人。他有很多很美妙的创业计划，只要执行起来，一定会有很不错的效果，会越来越好，但他却只是不断地制定计划而已，很少去执行。他的计划很完美，很诱人，但只是计划，没有一样变成现实。这就是他一个三十多岁的人，却连三千块旅游钱都拿不出来的原因。

我想这些话，他的父母也许会跟他说，但他肯定听不进去，甚至会认为老一辈的观念旧，不了解年轻人。而黄小葱，我猜她可能也没有真正看清表弟的问题所在，只有一腔爱他的心思，但直觉又告诉她有些不对劲，这才迟迟不肯答应结婚。至于这次分手，不知是看清了表弟的问题，还是别的原因，我还没有机会问。

谈到理想，总还是有一部分人瞬间就心旌摇曳眼光闪烁。你说你想开个不赚钱的小店，办个杂志，玩音乐，当画家、作家，开间舞蹈教室，去NGO工作，援藏，救助流浪者和垂死的人，支教，保护动物，拯救地球生态，摆地摊环游世界，创立一个新鲜的行业……可以，没有什么不可以。只是，你得看清前提，你的前提是你得先过好自己的生活，你不能朝不保夕吃了上顿愁下顿，却还在空谈怎样援藏、救助流浪者吧？你总不能连父母生病都出不了一分钱一分力，却空谈支教、保护动物吧？

有梦想是好事，可是“面朝大海，春暖花开”却不是那么容易的。你总得给你的花浇了足够的水，施了足够的肥，它们才会长大，才会开花。梦想是你的花，未来是你的春暖花开，但要看清现实，经营好现在，才能迎来开花的那一天。

我想，这个道理钢钢应该已经懂了。因为在那次借钱事件之后，钢钢虽然没再联系我，但我在前天接到他的结婚请柬了。

他说，新娘子是黄小葱，他们重归于好了。

他说，他现在给一家公司做企划，已经上班一年多了，公司老总现在很器重他。

他说，他现在赚的钱虽然还不多，但足够给小葱买钻戒、拍婚纱照了。

他说，办完婚礼他就带着小葱去旅游，旅游地点就是上次他想去而没去成的地方。

他说，他结婚那天，让我无论如何都要去。

我说，好，我一定去。

面朝大海，很美，但我希望你能去到大海，倾听大海的声音，而不是看着电视上的大海。

春暖花开，很美，但我希望你能看到真正的花朵，闻到它的芬芳，而不是图片上的花朵。

未来，很美，但我希望你能看清现实，经营好生活，一步步朝你的未来前行，而不是永远幻想蓝图上的未来。

不学会相信，怎么到达得了彼岸

那天我从武昌徐东附近搭的士去沌口经济开发区，因为“路途遥远”（一般得一个多小时），我让司机师傅打开了收音机。

收音机里正在播那种心灵故事，主题是关于相信未来的。我们开始听的时候故事已经接近尾声了，主持人用她那富有煽动力的声音说：“相信未来，是一件很美好的事。人，最怕的就是失去信念，随波逐流。要相信，命运绝对不会抛弃我们，最大的悲哀，就是自我的放弃。只有相信未来，才会有灿烂星光。”

我随口说了句：“怎么现在到处都是这种心灵鸡汤。”

司机师傅接上了我的话：“嗯，这种鸡汤挺好的。虽然我知道不是所有鸡汤都有用，但对于我们这种处于社会底层的小老百姓，它在无形中会给我们一种力量，一种信念。对，就是信念，让我相信未来会越来越好的信念。难道你不相信你的未来会越来越好吗？”

司机师傅是一个看上去四十岁左右的中年男人，我被他最后的一句问得哑口无言。

“我发现吧，相信未来的人，未来可能会变好也可能不会变好，但至少他是积极向上的，也是快乐的。而不相信未来的人他只有一个可能，那就是未来会真的越来越不好，人当然也是不快乐的。”司机师傅继续说。

我说：“除了那种已经确诊有什么癌症或治不好的病之类的人，怎么会有你说的这种不相信自己的未来会越来越好的人呢？”

“怎么没有？多了去了。用他们的话是怎么说来着，哦对了，叫自卑、消极。难道你不承认有自卑和消极的人存在？”

我真的有种恍然大悟的感觉：是啊，一个人因为不相信自己的能力所以才会自卑，因为不相信未来会更好，所以才会消极！

“我一个高中同学吧，唉，他读书那会儿，很风光的，学习又好，长得又帅，很招女孩子喜欢，还考上了大学，毕业后分配到电力公司上班，坐办公室的。电力公司待遇多好啊，按说他应该比我这没考上大学的人混得好吧，谁知道他现在……唉。”说到这里，司机师傅直摇头。

也许真的因为“路途遥远”，也许是司机师傅很健谈，也许我是个好听众，反正在我到目的地的时候，我听完了司机师傅讲的另外一个人的大半人生。

司机师傅没提他同学的名字，只一口一个“同学”地叫着，为了叙述方便，我给他故事中的主人公起了一个名字——张超。

张超参加工作不久后就结了婚，老婆也是电力系统的，但大概在2009年左右离了婚，离婚原因不详。

“也许是因为房子的事。”这一句，是当时司机师傅的猜测，当然，他对自己的猜测也做出了解释。

张超参加工作那会儿，还没房改，单位还能给职工分房子。张超资历浅，只分到一套一室一厅，当然，在那个时候他也很满足了。过了几年，要房改了，他们电力公司就赶了个末班车。具体情况司机师傅也不是很清楚，只是说当年电力公司要集资建房，张超也有资格参加购房。他当初还缺一点儿钱，且还背了一点儿债务，于是他就想把这个购房的指标给卖掉。当时他老婆不同意，为此还特意咨询了几个人，其中有一个还是一个大学教授，都说将来房价肯定会涨，让他不要卖。但他不信别人的话，甚至认为那个大学教授生活在象牙塔里，并不了解外面的世界，于是执意卖掉了购房指标。不到一年，房价翻了一番；又一年，又翻了一番。“说起来也不是很遥远，也就十来年前的事吧，你看现在房价10倍是有了吧？”司机师傅讲到这里对我说。

我“嗯”了一声。

“至于他和他老婆为什么闹离婚我还真不知道，有同学传是房子或经济问题。刚离婚那阵他挺消沉的，我估摸着工作也没好好干，要不为啥他们电力公司一下岗分流，就把他给先分流出去了呢？”司机师傅接着往下讲。

“张超离婚不到一年就下岗了，孩子跟了前妻。那个时候他才三十出头，人年轻，本来正是干事业的好时候。我们另外一个同学正好想开个影楼，拉他合伙。他接受了。谁都知道，做生意，哪可能一天就赚到钱？得需要时间，要靠运气，要靠守。可张超不这么想。他们的影楼开了不到一年的时候，没什么生意，张超就觉得这影楼肯定不赚钱，要撤资散伙。我另外那个同学苦苦地劝啊，说他们都守了大半年了，眼看就要到旺季了，而且，影楼一下子也拿不出钱来给他。但没用，我那同学越是不同意他撤资，他越是要撤，甚至说我那同学是骗子，想骗他的钱。”

说到这里，司机师傅又感叹了句，“你知道吗？因为张超的这句绝情话，我另外那个同学咬着牙高息借钱打发走了他，一个人把影楼撑了下来。现在六渡桥那家最大的影楼就是我那个同学开的。这还不算什么，那只是他的分店。也就这么几年时间吧，他的分店有七八家之多，还开到了省外——郑州和苏州都有他的影楼。我估摸着，他资产几千万是有的，反正现在一家人都是加拿大籍了。而张超呢？”司机师傅又摇了摇头，“他现在开了一家小水果店，也不好好经营，成天就上网玩游戏，有人要买东西还得看他玩没玩完游戏。也没再婚，说起来，他离婚后还有一次结婚机会的，也被他自己弄泡汤了。”

据司机师傅说，张超与前妻是经人介绍认识的，谈不上有多深的感情，感觉都合适就结了，感觉不合适就离了。而张超离婚后的这次情事，他是动了心的，结果因为没成，所以才更加意志消沉。

大概在张超离婚两三年后，他遇到了自己的一位高中女同学（权且称她为莫非）。莫非也有过一段不成功的婚史，高中时期就对张超有点儿意思，无意中知道张超也离了婚，就主动接近他。

这个时候的莫非在税务局上班，还当了个小领导，人也很会打扮，跟高中时期胖胖的“丑小鸭”形象简直判若两人，是真正的美女。对了，现在流行“白富美”，她真的是“白富美”级别的。

张超对于莫非的主动示好又是欣喜又是怀疑。欣喜就不用说了，被一个这样优质的“白富美”喜欢，他那点儿虚荣心得到了极大的满足，肯定是欣喜的。但更多的是怀疑与猜测，他认为自己又没钱还下岗，人也发胖了，用他的话来说，自己是个一无是处的人，莫非凭什么喜欢自己呢？如果他仅仅是怀疑也就罢了，他甚至猜测莫非是不是来报复他、故意整他的。

当司机师傅讲到这里时，我插了句嘴：“为什么他会怀疑人家是报复他、整他的？他跟那个莫非有什么过节吗？”

“是他小心眼！”司机师傅语气肯定地说，“我们上高中那会儿，张超学习好，会打篮球，人长得也帅，很招女孩子喜欢，莫非就是其中一个。”

高中时期的莫非喜欢张超，不过没挑明。而张超不管是接受还是装不知道，都是无可非议的，但他不该捉弄莫非。

那一年的愚人节，张超写了个字条给莫非，约她看电影。莫非去了，张超没去，不但没去，还让班上一个人人都不喜欢的胖子去了……

“就这点儿小事，其实莫非早忘了，张超却认为莫非现在接近他，肯定是想把他撩拨起来，然后一脚踹了他。所以，张超虽然对莫非动心，但就是不敢明白表态，也不拒绝，就这样一拖二拖地把莫非的心伤了，最终不了了之。”

司机师傅讲到这里，我也到达了目的地。

司机师傅刚讲的时候，我是带着兴趣听的，还时不时插几句嘴，调侃一下。但是他越往后讲，我的心情越沉重，他故事中张超的形象也越来越鲜活。我可以想象一个意志消沉的中年男人，孤单地守着一个小水果店，每日与电脑为伴，再提不起精神，再不会笑对人生。他不相信自己还会遭遇爱情，他也不相信自己将来会更好。他也许只40岁，可是却提前过起了养老的生活。

对于养老，我也有话说。凡是混日子的人，都是在养老。他们的人生没有目标，没有信念，没有激情，仅仅是过一个一天当两个半天。

司机师傅其实在讲张超的故事时，也偶尔有关于他自己的穿插，比如他高中毕业后去深圳打工，住在地下室，每到月底就只能吃白水煮面条，等着发薪水过日子；比如他老婆有一年被检查出了肝病；比如他小孩因一分之差没考上重点中学，花了好几万，等等。他都挺过来了。他说：“快乐也是一天，不快乐也是一天。有些事情发生了，你唉声叹气、怨天尤人是没用的，只有积极去面对，去克服，去相信未来会更好，你的人生才会更好。比如我现在，老婆病好了，也在外打工挣点儿家用；儿子也懂事了，学习完全不用我们操心；虽然我开出租比较辛苦，挣的钱也只能管个生活……但我很满足，很快乐，我相信等儿子参加工作后，我们的生活会越来越好。”

我觉得司机师傅的话比一些心灵鸡汤说得还要好。确实是这样，如果你连你自己都不相信未来会更好，你怎么会变得更好呢？你在不会更好的情况下，又怎么会拥有快乐呢？相信未来，相信自己，生活才会越来越好。

没有明确的目标，自然会四处碰壁

那天我居然在电视上看到了李志，在一则新闻报道里：一名年轻的企业家为了报效社会，捐资建了我省偏远农村的一所希望小学。

这名企业家就是李志无疑，新闻镜头虽然不长，但也给了他半分钟的特写，我不会认错。没想到多年不见，他真的发达了啊。

李志是我的高中同学。说到李志，又不得不说到周立军，因为高中时代的他们就是一对形影不离的哼哈二将，也是一对活宝。都说活宝欢乐多，这对活宝当年没少给我们枯燥的高中生活带来欢乐。

犹记得那天早上，我离教室还有一二十米的距离呢，就听到里面一阵嘈杂。这种嘈杂在高三年级极其少见，所以我不禁伸长脖子加快了脚步。这时，李志从教室出来了，一看到我，就叫了起来："快进来看！快进来看！现场直播啊！"

我一听，也不顾那少女时期特有的矜持，小跑了起来。一进教室门，就看到一群人围着什么。这时，从人群里传来周立军的声音：“快进来看！快进来看！现场直播啊！”

我拨开几个同学，挤进去一看，当时就笑趴了——只见周立军拿根玉米在那剥粒呢！一边剥一边叫：“快进来看！快进来看！现场直剥啊！”

这一早上把我们班给乐欢了，没多久老师也来了，同样也把他给逗乐了。当然，老师能乐还有一个原因——周立军学习很好，基本上包揽了年级的第一名；李志成绩中等，但情商极高，是老师与同学之间重要的协调员。所以老师也跟着笑了一会儿后才说：“行了行了，快回座位上去，看把你们俩聪明的。”

当时老师们都认为周立军是上北大的料，而李志考个二本也不成问题。但李志却志不在读书，他说他将来要当个大企业家，当千万富翁。彼时我们都认为他是年少轻狂，但毕竟也不是什么坏事，所以也没人嘲笑他。

我一直记得李志有个公开的记事本，上面记载着他的人生蓝图，诸如在大学期间一定要谈一个女朋友；还要交好多朋友，最好是全国各地的；要做至少一次家教，要打工，要创业，要发财，要捐建一所希望小学；要去哪些地方看哪些景点，等等。而这个时候周立军总是说李志是假活宝，说他活得累。周立军的观点是，人生有太多的不可确定性，所以没必要为未来担忧，把握好现在就行。他说：“我对未来上哪所大学没有计划，一切看成绩，看父母怎么想。”

这是他们俩身上最大的不同，剩下的地方则颇为相似了。

高考成绩出来后，周立军考上了人民大学，虽然没考上老师们说的北大，但也很不错，喜滋滋地报到去了。李志那年没考好，复读了一年，听说第二年考到北京去了。再然后，我们的联系渐渐少了起来。直到毕业、工作、结婚、生子，我们已经完全失去了联系。

没想到今天居然让我在电视上看到了李志，而且，他还真发财了，还真捐建希望小学了。当我把这事当成一个励志八卦在我的写作群里说了后，我的一个给《知音》杂志写稿的朋友来了兴趣，说想采访我说的这个人，并求我一定帮这个忙。就这样，我出现在了李志的面前——我没他的联系方式，但打听到他在武汉开会的宾馆。

李志对于我这个老同学的贸然来访，没有一点儿被意外打扰的不快。相反，看得出来，他的高兴是发自内心的，说我来得太巧了，恰好周立军刚从国外回来，今天打算来见他呢。

我连忙问道：“周立军在国外啊？哪个国家，是出去玩还是工作？”

“是工作，埃塞俄比亚。你还记得理科班的黄冬清不？他在埃塞俄比亚做一条铁路项目，周立军跟着他在那搞了几年，今年不干了，刚回国。”

“天哪！他一个学古文学的居然去搞铁路……”我一脸诧异。

“这也怪他运气不好。”李志说，“咱们高考的时候，大学毕业生还是包分配的，哪知道第二年，国家就不包分配了。古文学这种冷门专业，若不是搞研究做老师什么的，这工作多难找啊！”

“也是。但我听说他毕业的时候签了北京的一家什么单位啊，搞出版的还是什么的。”

“嗯，是影视公司，私人的。他若是一直在那个公司干，说不定现在也发达了。那家公司现在老有名了，你知道现在热映的××电影就是那家公司推的不？”

“啊？就是那家公司啊！天哪。听说那家公司的老员工，但凡持有原始股的，最差也是千万身家了。”

“是啊，周立军是元老，他要是一直在那干，现在绝对比我有钱。”李志有些惋惜地说。正说着，李志接到周立军的电话，说他正在路上堵着，大概要三四十分钟才到，听说我也在这里，让我无论如何也要等到他来。

在等周立军的过程中，我大概了解了周立军的过去。

还记得我之前提到李志的那个记事本吗？周立军当然也看过，但他只赞同其中的一项，那就是大学期间一定要谈一个女朋友。不过，在这一点上他也和李志有些不同，他在“一定要”后面加了“至少”两个字。

“这小子有才，出口成章又幽默，长得还帅，所以在大学期间是很风光的，追他的女孩子很多。但你知道大学四年他谈了多少个女朋友吗？”

听他这么一问，我使劲往多里猜：“五六个？”

“前面加个二。”李志看着我笑。

“啊？二十五六个？4年谈了二十五六个？这这这，就算中间没有空档期，一个也才谈几个月啊！”我脑子有点儿算不过来了。

“呵呵，你还是那么单纯，他就不能同时谈几个啊？”

“啊？！我真没想到当年那个有点儿活宝的‘学霸’，居然是情场高手。”

“高手个屁！要是高手他也不会到现在连个老婆都没有了。”

“天哪，到底什么情况，你说说。”

“周立军在大学期间的女人缘确实特别好，在这一点上，他颇为自信。但他没有哪一个女朋友是单独谈的，最疯狂的时候是同时给6个女孩子写情书！唉，我都怀疑他有没有动过真心。”同样作为男人，李志在说到这里时，摇了摇头，“他认为只有同时与好几个女孩交往，最终找到一个正式女友的几率才更大。只是，因为他有太多同时交往的人，选择余地也就很大，他也就对谁都不够用心，稍微遇到难度，就会转移目标。工作也是如此，稍微遇到点儿委屈或者不顺，就立刻辞职换工作。所以啊，不管他是大学期间还是毕业后，不管是女人还是工作，没有长久的。我刚才说的那个影视公司和他在埃塞俄比亚的项目，是他做得最长的两次了，但也不过一个4年，一个3年。”

李志告诉我，因为那家影视公司是周立军的第一份工作，他当时还是颇有工作热情的。而且那时公司刚成立，不仅缺人手，更缺人才，其人民大学的文凭就显得特别耀眼。在那里，他一人身兼多职，用他的话来说，公司离开他肯定转不了。

周立军离开那家影视公司是因为一次内部人员提拔，他认为自己肯定是第一个被提拔的，结果却没有他，便愤而辞职。当时的他认为，自己是个多面手，什么都会做，找个类似单位一点儿问题都没有。可没想到的是，他在类似的单位应聘时，确实是什么都会一点儿，但什么都不精——就是不专业。人家要的是专业且其他什么都会一点儿的人，而不是要什么都会一点儿但什么都不专业的人。像他那样的所谓“多面手”只能去一些小公司，因为小公司人手不够，一人抵几个人用，所以他再找的单位是一家不如一家。然后就这样东跳西跳，跳了这么多年，会的是越来越多——连铁路都能懂一点儿了，可还是没一样是专业的，最多也只能混到单位的下中层，连中上层都上不去。

而女人方面也是如此，他东谈一个西追一个的，再加上他工作不稳定，落到现在这个样子。

“这么说，他是不管对工作还是生活都没有明确的目标啊。他压根不知道自己喜欢什么，该追求什么，完全是被生活拖着走，而不是自己主动在走。”我说。

“谁说不是呢？作为老同学、老朋友，我也劝过他，可他不以为然。我猜他这次来找我，也许会提到给他安排工作的事。如果他提，我得帮他立个目标，要他朝一个技术专业攻，否则啊，他这一生就完了。”

聊到这里时，我们听到了敲门声，是周立军来了。

没想到周立军看上去比年轻时更帅气，气质也不错，说话依然彬彬有礼且幽默，我不禁在心里想，这样的男人，确实很招女人青睐呢。

几杯酒下肚，周立军说：“黄冬清那人太小气，我跟着他干了这么多年，一年才给我那么点儿钱。兄弟，你现在是大企业家了，给哥们儿安排个位置怎么样？”

其实在李志给我讲周立军这些年的经历时，我们都猜到了周立军此行的目的，只是我没想到他会当着我的面提。后来一想，也释然了，他这十几年来换了那么多工作，甚至做到工程上去了，肯定也是找同学给介绍的，所以，他也没把当着同学的面求人当成不好意思的事。

“人大的高才生不嫌我庙小能来我这工作，我求之不得呢！还真巧，我正好有个经理的位置差人，我觉得你也能胜任，但有一条，这个位置要从业资格证——这个不是我要求的，是国家要求的，我也没办法。当然，我相信，以你的能力考个资格证一点儿问题都没有。正好，过两个月就有一次考试，我帮你报个名如何？位置我给你留着，你只要证一拿到手，就和我是同事了。”

“不就是个资格证吗？没问题。”周立军豪气不减当年，当时就跟李志碰了杯子。

大企业家说话就是有水平，几句话就把周立军的东一榔头西一棒槌的毛病给治了不说，也给他留了足够的面子。我相信，有李志的帮助，周立军很快就能把他的聪明才智真正地发挥出来，且有李志把关，在对待女朋友的问题上，也不会像过去那样放任。

现在的路，是否偏离了初衷

因为偶尔会给我们市电视台写些栏目剧的原因，也就认识了几个电视台的编辑。

在《爸爸去哪儿》还没播出之前，那种真情访谈节目还很火，所以市电视台准备也策划一档类似的节目，可是在这档策划还没有问世的时候，湖南台的《爸爸去哪儿》横空出世，一下子惊艳了整个电视界。

要说这个圈子有时也真的很……反正，模仿版随之而来，这个我就不多说了，你懂的。

我们当地电视台的台领导灵机一动，说，能不能把这两档真人秀节目结合起来，然后做一档自己的节目呢？

他这创意其实还不错，众小编纷纷响应，于是，经常与我联系的那个编辑就找到了我，问我能不能搞个策划，可操作性如何。

我说当然可以，只不过你们是地方电视台，人力、财力都有限，像《爸爸去哪儿》那样的大投资、大跟拍是不可能的，正好可以把人请到现场做真人秀，以前的真情节目就是这种操作方式。

她连忙说是啊是啊，我们台没名没气，广告也拉得少，你说得太对了。

一个月后，一档新的真人秀节目准备拍摄第一期节目，而我因为参与了策划，自然也被邀请到了现场。

这档真人秀节目暂时命名为《老公去哪儿》，意在请那些经常因为各种应酬很少回家的夫妇来参加节目。

不过，等这个节目策划好之后才发现，适合上节目的夫妇其实挺难请的。事业有成的夫妇倒是符合我们策划节目的初衷，但他们有钱无闲，也多少有一些社会地位，没人愿意参加。年轻小夫妻报名的倒是挺多，但他们身上又缺少亮点，难挖出故事。于是台长把找人上节目的任务下发给各个编辑，各个编辑就钻天打洞找朋友、找同事。我的编辑还是找到了我，跟我哭：她在武汉一无亲二无戚，就认识我们几个作者，你不帮我我在台里就混不下去了，云云。我说我也不认识什么人，要不，我帮你找找写字圈的朋友？

她连忙说，行啊行啊，不管什么圈，只要是有故事的人，并且愿意参加的夫妇都行。

于是我就把这事在我的一个写作群里说了。嗨，出乎意料的是，报名的人非常多。最后，还是在我的参与下，请了一对夫妻。男的是那个写作群里的网友，他曾创作过一首歌，被一个明星给唱红了，之后，经常参加一些综艺节目，我这里就暂时叫他巴豆吧。

他老婆是圈外的，我们就叫她琴好了。

节目组把舞台营造成一个家的样子，据说参考了巴豆和琴的家，当然，只模仿了客厅。

节目没有主持人，连类似《爸爸去哪儿》中的村长角色都没有。

编辑只让我转告巴豆："呶，这就是你们家客厅，现在你们俩下班回家了，你们过自己的生活就行。"

巴豆看了一眼舞台，又看了一眼台下的观众，突然就反悔了，支支吾吾有点儿不愿意上了。倒是琴看了一眼舞台后，很大方地推门走了进去，然后对还在后台的巴豆喊："老公，都到家了，怎么还不进来，在外面跟哪个小妖精磨叽呢？"

跟巴豆磨叽的是我。我被巴豆老婆的机智逗乐了，连忙推了一把巴豆："快点儿回家吧，你老婆都叫你了，我可不想当小妖精。"

巴豆就这样被我推上了台。

而琴正在忙活：把工作人员递给她的饭菜往桌子上端（还是受了限制，不能录制他们夫妻俩真正回家做饭的场面，只能端上事先准备好的饭菜）。要说，琴还真的挺自然，回头对刚被我推上台的巴豆打招呼："过来帮把手。"

巴豆就过去了。

等饭菜都摆放好了，琴拿起节目组准备好的一瓶白云边给巴豆倒上了。

在台下的我还偷偷问了一下工作人员那酒的真假。那工作人员想了想说，肯定是假的。

我猜也肯定是假的。

琴自己先抿了一口酒，对巴豆说：“儿子马上升高中了，我爸也准备过个七十，你看，这些加起来都是钱……”

巴豆脸色一变：“你怎么什么不好说，先说钱？”

琴又喝了一口酒，说：“你是我老公，我不跟你谈钱谈什么，难道一把年纪了还谈情说爱不成？”

看样子琴一点儿也没把这当舞台，我不禁有点儿佩服这个女人了。

巴豆倒是一直有所顾忌，他偷瞄了一眼台下，说：“我那首新创作的歌不是还没卖出去吗？等卖出去就有钱了。”

“你这话都说两年了！这两年，咱们这个家就靠我一个人挣钱养活呢，你那歌倒是什么时候能卖出去啊？卖不出去就老老实实回家找个工作挣工资，等你卖出去，我跟儿子说不定就饿死了。”

台下观众鸦雀无声，都全神贯注地看着台上。观众并不多，只百来人，是台里在附近请来的一些退休老头老太，也有一些没上班的中年妇女。

巴豆一听怒了，也不管这里是不是舞台，对琴吼道：“一件事成功了，大家就说你是坚持！失败了，就说你固执，是神经病！我不管别人怎么说，我都会在歌曲创作这条路上坚持下去的。只是，我没想到，连你都不支持我，不是有句话说‘每个成功的男人后面，都有一个默默付出的女人吗’，你一点儿都不愿意为我付出！”

“我不愿意为你付出？我不付出这两年你吃的喝的哪来的？”琴也生气了，脸色通红。

我和工作人员面面相觑，不知这节目怎么就搞成了这样，这对夫妻一上来居然就吵架。但站在一旁的台长却看得津津有味。

我在心里想，对了，这样的节目更真实，大概也更有收视率。

“俗！”巴豆对琴说，“作为一个妻子，一个男人的精神伴侣，应该尽量去支持丈夫的事业和梦想。”

“梦想？哈哈，梦想是什么？梦想能当钱花、当饭吃吗？你要说我俗，我是俗，我只知道买米要钱，买油要钱，生病要钱，儿子上学也要钱，这些，梦想能拿来花吗？还说什么梦想，要我说，‘梦想’这两字是你这40岁男人说的吗？要说也是儿子他们这代人说的！他们年轻，有无限的可能，他们才配拥有梦想。而你，上有老下有小，作为一个已婚男人，你的首要任务是挣钱养家！我没支持你吗？我支持了你两年！这两年里，你参加综艺节目挣的几个小钱给过家里一分吗？你说我不付出，难道两年的付出还不够吗？而两年时间，你还实现不了你所谓的梦想，这梦想还值得你继续去追求吗？脚踏实地些吧，你压根就不是写歌的料，你的第一首歌不过是运气好被那个明星唱红了，并不代表你是写歌的材料！还是老老实实挣钱养家吧。”琴又喝了一口酒，然后“扑通”一声就趴桌子上了。

“欸！这是怎么回事？”马上有人问，观众席上也有人站了起来，而台上的巴豆赶紧扒开琴的脸看，闻到了酒气，当即冲后台喊：“你们怎么回事？居然用真酒！”

然后……没然后了，这节目没法录了。

据那个编辑事后跟我说，巴豆要求电视台把他们前期录制的东西给删除了，而电视台方面居然也把这档节目给取消了。

这件事，最终除了当时参与过的一些人和那些观众，再没人知道了。

而我，却一直思考琴对巴豆说的那些醉话，其实酒醉话不醉，琴说的场合可能不太合适，但话是非常有道理的。

巴豆最初写歌，只是业余爱好，那时，他还有一份稳定的工作和收入。而因为阴差阳错，那首歌的走红（歌虽然红了，但因为当初是免费放在网上的，他并没有实质的收入），让巴豆迷失了自己写歌的初衷，误以为自己很有才，从而把副业当主业，走上了所谓创作的道路。

而正如琴所说，作为一个妻子，她给了他足够的支持。两年，也足以让一个人明白自己在某个方面是不是有才能，也能让自己看清是该继续坚持，还是放弃。

巴豆说他当初放弃工作选择一心创作，目的是为了歌能红、人能火，从而让妻儿有更好的物质生活。

然而现在的状况是，他完全忘记了自己的初衷，被一些心灵鸡汤洗了脑，变成了为坚持而坚持。姑且不说坚持是不是一定成功，就算他若干年后真的成功了，还有意义吗？儿子也许因为没钱读书而辍学，妻子也许因为担负不了一个人养家的精神压力或跟他离婚，或一病不起。而父母……他连自己的小家都顾不上，哪有能力照顾父母？！

我又想到一些事业有成的男人，特别是那些白手起家的男人，他们在最初是因为心中有爱，爱妻子爱孩子爱父母，所以一心创业、奋斗。当他们已经达到一定的经济水平的时候，当他们能给妻儿提供住房、车辆和一定的存款的时候，他们已经停不下来了，早就把天天只能跟孩子一起吃晚饭的妻子抛在了脑后，似乎为了挣钱而挣钱就是他们的目的了。

他们往往还振振有词：我又不是在外面花天酒地有女人了，我还不是为了这个家！

可是，家真正需要什么？

需要一个丈夫，一个爸爸，一个能一起吃饭的男人，一个能陪孩子看电视做游戏的父亲。

钱、权、利、名等，不是奋斗的初衷，家庭才是！幸福才是！

第六章

CHAPTER 6

现在受的苦，
必将照亮你的未来

你把时间用来抱怨，别人把时间用来奋斗

某天我正在赶一篇稿的时候，我电脑右下角的小企鹅闪动了起来。点开来一看，是从一个写作群里来的临时对话。对方用的卡通头像，个人资料很简单，除了性别和年龄外，只有一个网名，叫“毛里不求斯”。是一个陌生的名字，估计平时在那个群里也没说过话。

他问：“请问你就是‘第十二只猫’吗？”

“第十二只猫”是我近几年写杂志稿常用的一个笔名。所以，我回话道：“我是，您有什么事吗？”

他回：“没什么，我只是拜读过你的几篇大作。我猜想你一定是位美女。”

我大汗，赶紧发了一个流汗的表情过去，然后说：“女倒是女的，美女不敢当。只是请问您找我有什么事？”

到目前为止，我还保持着基本的礼貌，虽然他的那句关于读了我的作品，从而猜测我是美女的话已经让我反感。但我既然有编故

事的权利，人家就有猜测我是什么人的权利，所以，我也不能多说什么。

他接下来说：“我也是个写作爱好者，可是写了很多稿，却一篇不中，请问发稿有什么秘诀吗？”

我经常会遇到陌生的写作爱好者来问我怎样写作、怎样投稿的事。虽然我知道我的水平真的还达不到教人的地步，但对于初学者，我还是多多少少能给他们一点儿建议的。而且，当年我刚开始写作的时候，也没少打扰我的前辈。所以，我立即放下心中刚升起的那点儿反感，告诉他一些新人写作要注意的事项。

虽然这位“毛里不求斯”在接下来的问题中表现得极为不专业，但好在他态度谦恭，我也就尽量做到有问必答了。

说着说着也不知怎么的，他就把话题扯到自己的工作上了。他说他今年40岁了，20世纪90年代初，他中专毕业后分配到了粮油部门工作。他说：“你别小看我是个中专生哦，那个时代考中专的分数要比高中高出好几十分呢，很多人想考还考不上呢。”

我说：“我知道，我知道。”

他说：“跟我同时进那家粮油部门的有3个人，我是唯一的中专生，其他两个都没什么文凭，靠关系进来的。可是你知道吗，有关系的那两个都给分配了轻松的工作，而我，一个中专生，你猜他们把我分哪了吗？他们把我分仓库，不是管记账哦，是苦工！出货进货都让我背！”

我沉默，不知道该说什么。

好在，他也不需要我说什么，继续一个人往下说："我干了几年干不下去了，就辞了职。随后的几年，我打过工，也做过小生意，可是没一件是成功的。这是一个不公平的社会，什么都要讲关系。我打工的时候吧，那些会巴结领导、做事却偷懒耍滑的人总是比我先提升。我是一个不会巴结人的人，不喜欢做那些降低自己人格的事。在我换了几个老板，发现每个老板的德行都差不多后，干脆不打工了，自己做生意。可是我发现，生意也不好做，很多人都已经形成了他们自己的圈子，资源内部循环，外人根本就插不进去。如今，我40岁了，在一家培训学校里当老师，一到寒暑假忙得连喝口水的时间都没有，但好在在这里不用巴结什么领导。平时，除了周末有课，其他几天，我又太闲，所以，这才想到自己读书时作文写得还是很不错的，而且自己也有这方面的爱好，所以，这才想捡起来写。当然，也能挣点儿外快。"

对于他前面说的一大段关于工作不顺利，关于社会不公平的事，我没接话。正好他提到了写作，于是我连忙说："嗯，这样挺好的，你有基础，有爱好，还有时间，只要坚持写，肯定能发表的。"

这次的谈话最终在我给他鼓励、他对我表示感谢中结束了。

第二天，我刚一上QQ，就看到他发来的加好友申请。我选择"同意"。他似乎在电脑那端等着我一样，立即发来问候："早。"

我只好回了一句："早。"

"我看你经常上××杂志，你跟他们编辑是不是挺熟的？"

"写多了自然就熟了，而且作者跟编辑之间也要经常沟通的，不熟都不行。”

“那他们是不是只用熟人的稿子啊？像我们这种新人的稿他们就不用？”

“这不存在啊！杂志要生存，是要看稿件质量的，他们怎么可能为了那‘陌生的熟人’而毁了自己的杂志呢？而且，熟人也是从生人开始的嘛。再说，编辑之上还有编辑，他们挑了稿后，上面的编辑还是要看、要审的。”

“哦，是这样。我倒没投你经常上的那家杂志，我投的是另外一家，可那家编辑连回复都没有一个。编辑是不是都这么拽？”

“这……这真不好说。编辑也是人，收稿是他们的一份工作，他们不回复可能有两个原因，一个是你的稿实在与他们用稿要求差得太远，他们没办法回复你。还有一个原因，可能跟编辑性格有关，他认为你的稿不能用，也没有修改的价值，所以就懒得回复你了吧。当然，这只是我的猜测。”

“可是我的诗我给好多人看过，都说我写得非常好，为什么那家杂志不要呢？”

这一次，我真的被他打败了，我说：“我晕，你居然投诗歌给他们？你说的那家杂志人家只收故事，不收诗歌、不收散文啊！”

“啊，这样啊，我还真不知道。”

“难道你给一个杂志投稿，连杂志用稿方向都没有研究一下？或者你连一本杂志都没看过就给人家投稿？还怨人家不回复？”说实话，我有点儿生气了。我不是一个多忙的人，但我真的很讨厌被这样的人浪费时间，我这一大早的，连水都还没喝一口就被他给拉住了，结果却是这样一个结果。

“我这就去买本杂志看看。”他听我这么一说连忙接了话。

我“嗯”了一声，没再说话。

这一次的谈话到此告一段落。

还没一分钟，我的小企鹅又闪了起来，这次是一个小女孩，还在读大一，她的网名叫“十月”。

“十月”亲热地叫我：“姐姐，我刚写完一篇稿，你能不能帮我看看？”

我说行啊，发过来吧。

“十月”写的是一篇恐怖故事，而我认识她也是在那家恐怖杂志的一个作者群里。她出稿不快，一两周才能写一篇，每次写完稿都先给我看看。我发现，她把我提的意见都听进去了，进步挺大的。

这次的稿进步尤其大，我看完后高兴地发了个“大拇指”过去：“这稿很不错哦！除了有几个错别字外，没什么硬伤，可以投给编辑看了。”

“真的吗？真的可以投稿了吗？”“十月”在电脑那头高兴地说。

“是啊，过初审是没问题的，我可不敢保证你能过终审，我不是主编啊。”

“嗯嗯嗯！能过初审就可以了，只要能过初审就有过终审的希望。谢谢你姐姐，那不打扰你了，拜拜！”

“嗯，拜拜！”对话结束后，我终于有了片刻清静，开始自己的工作。

可是还没工作10分钟呢，那个“毛里不求斯”又找过来了，他说：“你觉得‘婚姻是爱情的坟墓’这句话对吗？”

这话题太大，而且我的工作还没开始做，我不想理他，就没回话。

没想到他一个人在那边又自顾自说开了：“为什么我老婆就不支持我写作呢？为什么她就一天到晚看谁谁买房了，谁谁谁买车了呢？你说这社会为什么就变得这么唯利是图了呢？”

那天我一直没理他，而他一直在那自说自话，不外是社会多不公平，他个人不是没本事，只是没碰到好机遇、好伯乐，云云。

我当时正和另外一个编辑通过QQ谈一篇稿子，不能选择退出QQ。虽然我可以无视他的存在，但他的QQ不断在那闪动，严重影响了我的思考。

我终于忍不下去了，我说：“大哥，如果你现在十几岁或二十几岁，抱怨一下社会也就算了。你说你一个40岁的人了，还天天抱怨社会，有意思吗？谁都知道，不管是哪个国家，都有不公平的地方，都有黑暗的地方，但有谁是靠抱怨‘抱’成了名人、有钱人？你说你如此偏执，如此自以为是，如此胆小懦弱，如此幼稚……其实不过是你既懒惰又自私、急功近利，又从不反省罢了。你还说你不喜欢看书，你一个连书都不喜欢看的人，却妄想写东西给别人看，你当读者是白痴吗？你当杂志社是你家开的，给你扔零花钱的地方吗？你说你有这闲心闲工夫跟我在这瞎抱怨，干吗不做点儿正经事？读书、写稿、备课，甚至帮你老婆做点儿家务都行。对不起，我没时间听你抱怨，我浪费不起这时间。”

发完这段话后，我毫不留情地把他删了。

我的时间属于我自己，我不是不近人情，我只是不想在这种人身上浪费时间和情感。人生没有专家，只有输家和赢家，而这位“毛里不求斯”显然是用输家模式把自己活成了输家。而我，虽然不敢说自己是赢家，但我绝对不允许自己变成输家。

其实像他这种人很多，只不过他们的表现方式不同——有人是抱怨，有人是说自己懒，有人是拖延……而所有这些表现，本质上都是给自己的无能找借口。

还有的人把一切的不成功归咎为命运。其实，生命中许多的失败，是因为我们不坚持、不努力、不挽留。命运再好，都要经历风雨和黑暗；命运再糟，上天也会为我们留一扇门。只要我们用心找寻，就不会永远站在阴霾之下。

过了不久，“十月”又找到了我：“姐姐，我那篇稿真的过了初审啊！过两天就有终审结果了，过不过我都告诉你一声！”

“好啊好啊！你这稿过的可能性还蛮大的。即使不过，我相信你下一篇一定能过！”

这话我说得很由衷，“十月”有一定的写作能力。只要不是完全没某方面的能力的人，只要他（她）肯在这方面努力，我相信，总会有成功的一天。

现在的玩乐，都是对未来的挥霍

我的大学同学江怡乐，当初最大的心愿就是找个“高富帅”当老公，从此过着少奶奶般不为世事操心的富足生活。

江怡乐给我的最后一次印象是在大学毕业3年后的第一次同学聚会。当时聚会地点定在本市有名的大酒店“古唐秦风”。那次聚会也是我们三次同学会里人最齐的一次——全班只有5个人缺席，而好多人都带着对象赴会。我们包下了“古唐秦风”的一层楼，从第一天中午闹到第二天午后。

那次聚会的花费有多少我不知道，本来组织者刚开始是让大家平摊的，结果因为江怡乐的出现，我们的钱都免了。

我犹记得那天报到之初，我们一边登记一边被组织者引进了会议室。

等人都来得差不多了后，组织者走上台，站在麦克风后面，先是叙了一下旧，再展望了一下未来，然后过渡到经费问题，刚起了个头，会议室的门被人推开了。

门口站着一个性感美丽时尚的女子——江怡乐。

只见她冲大家一笑：“不好意思，我来晚了。”

“没关系，来了就好，去里边找个位子坐吧。”组织者说，然后准备继续刚才的话题。

“对不起，我能说两句吗？”江怡乐边对组织者说，边朝他走了过去。

组织者当时尽管有点儿惊讶，但还是很快就笑着说：“你来你来，大家欢迎。”说罢带头鼓起掌来。

江怡乐走到台前，站到麦克风后，先是“嘻嘻”笑了两声，然后吐了下舌头。（我不得不承认漂亮的女孩做什么都是能魅惑人的——她就这么两个动作，连我这个身为女人的心也震颤了一下，可想而知当时在场的男性心底起了多大的波澜。）

最终，江怡乐开口了：“我先介绍个人给大家。”说罢飞快地跑到会议室的门口，不一会儿就拉了个男青年进来，这回她没走到麦克风后面，而是直接对大家说，“这是我男朋友，周少东，他说他很荣幸能参加我们的同学会，这次费用，他全包了。”

“哇！”

“哦！”

“哇”声是女性发出来的，“哦”声是男性发出来的，紧接着会议室喧闹了起来，有人鼓掌，有人大叫，还有人吹起了口哨。

那次聚会以非常完美的形式结束了。大家在感谢江怡乐的同时，也在羡慕着她——这羡慕不光女人也包括男人。大家都知道她找了一个非常非常有钱的男人，关键，这男人还很爱她。若不爱她，鬼才愿意参加她的同学会呢，更不会替她包下所有费用，只是为了博她一笑，让她出风头。

“江怡乐”三个字，有一段时间是出现在同学嘴里频率最高的三个字。

第二次同学聚会距离第一次同学会只隔了两年，是我们毕业五周年庆。这个时候，有的同学已经结婚了，有的同学失去了联系，有的赶不过来，但谁不来都没关系，只要江怡乐能来。大家对两年前的江怡乐又再次提起了兴致，更有八卦者好奇这次聚会的费用，她男朋友会不会再包。

提到江怡乐的男朋友，女人话题便来了。这一次，大家对“周少东”这个名字不再陌生。上一次同学会后仅仅三天，女人们便“人肉”出了周少东的几乎所有资料，包括他是本市有名的地产老板的公子，他今年多大，谈了几个女朋友，幼儿园在哪读的都给扒了出来。她们在感叹江怡乐钓了个金龟婿的同时，也在感叹江怡乐的好命——周少东居然情史非常清白，除了在大学期间跟一个女孩好过一段时间后，就没有其他的桃花艳史了。

也有人问，不知江怡乐现在有没有变成周少奶奶。

很快就有人答，肯定没有，因为没有任何人听说江怡乐已成婚了。而且，以周少东在这个城市的社会地位，他若结婚，至少当地媒体是少不了动静的。

此人说的不无道理，于是，大家再次把话题转到周少东的家里到底有多少家产上面来。

可是那次，江怡乐自始至终都没有出现。之前跟她玩得最好的女伴也说失去了她的消息：她以前的手机号停了，新的手机号没有人知道。江怡乐，就这样失踪在我们的电话簿中。

我没想到7年后，我会在那样的地点、那样的情况下遇到江怡乐。

上个月，我从香港回来，在深圳逗留。我去松园路的家乐福买点儿生活用品，在收银台付账的时候，居然碰到了江怡乐！

我在“江怡乐”三个字后面加上惊叹号，是因为我没想到那个身材臃肿、面无朝气、脸色还有些暗淡的女子，与7年前出现在同学会上的那个光彩照人的女子是同一个人，但她们真的是同一个人！

显然江怡乐在我盯着她看的时候，也认出了我。对于我出现在那里，她倒是表现出了十二分的热情，得知我就住在附近的酒店后，坚持让我等她下班，她说要请我吃夜宵。

找了个小酒馆坐下后，江怡乐抬手让老板拿两瓶啤酒过来。

我连忙说我不喝酒。

江怡乐笑：“没事，你不喝我喝。”然后又抬手给我要了瓶饮料。

江怡乐问我怎么到深圳来了。

我告诉她我不过是去香港购了一下物，才回的深圳，打算在深圳玩两天再回武汉。

“哟！现在日子过得不错嘛！我还以为你是到深圳出差呢。没想到你是去香港购物了啊！啧啧啧，士别七年当刮目相看啊！”江怡乐也不拿杯子，直接对着啤酒瓶喝了一大口啤酒说。

“呵呵，还行。你怎么样了？怎么跑深圳来了，而且在那种地方上班？”我说这话绝对没有瞧不起超市收银员的意思，我只是想象不到像江怡乐这样的女子会在超市打工。

“唉，还记得周少东吗？”

“怎么会不记得？那次聚会之后，我们又聚了两次，一次是五周年，一次是十周年，大家都提到你和周少东，只是苦于联系不到你。”

“嗯，是我刻意与大家失去联系的。”江怡乐又喝了口酒，从神情上看不出悲喜。

“你一定想知道我和周少东怎么样了吧？”江怡乐主动问我。

我耸了下肩：“如果你想说，我当然想知道。但如果你不想说……”

“没什么不想说的，事情都过去好几年了。”江怡乐打断了我，“我和周少东分手已经有好多年了。”

“你们分手的事我猜出来了。”我说。

“嗯，可是你猜不出来我为什么会在超市打工。”江怡乐说。

我又耸了耸肩，表示她说对了。我确实想不到她会到超市打工。即使她跟周少东吹了，以她的学历、能力、长相，去一家大公司当个出纳、会计什么的，完全不成问题。

“唉！”江怡乐长叹了一口气。这时，我才在她的眉眼里看出了几许惆怅。

“那一次参加同学会时，我认识周少东不到一年，那个时候我们的感情很好。周少东是个难得的好男孩，尤其他还是个富二代。他很宠我，那个时候，我想要的名牌包包、衣服、化妆品，只要我说，这些东西第二天就会出现在我的面前。我说我不想上班了，他就说，不想上就不上，我又不是养不起你。我说想去马尔代夫旅游，他马上就订去马尔代夫的飞机票……唉，那段时光，真的很美好。”江怡乐说到这里，眼睛突然就涌出了泪水。她的情感来得突然且猛烈，然后就不受控制了，把头埋在胳膊里，号啕大哭起来。

好在小酒馆内人声鼎沸，也没人注意到她。

等她哭累了，自己擦了把脸，冲我笑了笑，又灌了一大口酒，然后接着说了下去。

“你们第二次同学会的时候，我恰好和周少东在国外，所以，你们都联系不上我。只是，我没想到回国后，发生了一些事……”

江怡乐告诉我，她和周少东回国后也没在武汉待着，而是在深圳。那个时候周少东父亲想在深圳投资搞一个游乐场，让周少东在深圳待半年，考察一下市场。

那天是江怡乐和周少东确立恋爱关系三周年纪念日，周少东为了纪念他们的纪念日喝了不少酒。“都怪我，其实少东不愿意酒驾的，是我怂恿他，可是没想到……”

江怡乐又趴在桌上哭了起来。

等她哭够了，我才知道结局：那天周少东酒驾出了车祸，死的不是他，而是一对母子，那个孩子，还是母亲抱在怀里不满一岁的婴儿……

这件事最终私了了，周家赔了一大笔钱给人家。周少东被他父母送出了国，而江怡乐则被周母认为是个祸水扫地出门。这次，周少东没再替江怡乐说话，他们就这样分手了。

故事听到这里，我也唯有一声叹息了。

一时之间我不知道是该安慰她，还是该骂她，只能沉默不语。

最后，我还是找了点儿话题："所以你就留在了深圳？"

"嗯，我没脸回武汉。"

"那……以你的学历和你的性格，至少应该找个出纳或会计之类的工作吧？怎么在……"

"我最初确实去应聘了几家单位，可是……"

由于与周少东在一起的三年，江怡乐可以说除了吃喝玩乐谈恋爱什么也没做过，课本上学的那点儿知识早就被她忘得七七八八了，再加上没有一点儿工作经验，又不是应届毕业生，没公司录用她。

"当我接连被几家单位拒绝了以后，才仔细地回忆了一下自己跟少东在一起的那三年。那三年里，我不学习、不工作、不攒钱、不戒酒、不健身……我以为，只要我有少东就行了，只要少东一直爱我就行了。哪会想到，我那时的玩乐，都是对未来的挥霍呢？我除了能做超市收银员还能做什么？做这个总比酒店服务员强点儿。”江怡乐又喝了口酒。

“这么说，在深圳这些年你一直在做收银员？”我惊讶道。

“嗯，一直在做这个，也没再谈男朋友。呵呵。”说到这儿，江怡乐笑了一下，“你说我在超市接触的那些男人，我能看得上他们吗？”江怡乐说这话的时候，眼神里的不屑一闪而过。而我则又重新打量了一下她，在心里有些悲凉地说，现在的你，怕人家还看不上你呢。

“既然你知道你跟周少东在一起三年，什么也没学，什么也没干，浪费了时间，为什么这些年里，你也不学点儿东西呢？”

“什么？”江怡乐抬眼看我。她的神情告诉我，在这些年里，她就是自暴自弃，压根儿没想过学习的事。

“很惊讶吗？”我说，“你当初也是名牌大学毕业的呢，年纪又不是很大，长得又漂亮，如果这几年，你好好地积累点儿经验，锻炼一下自己，难道就不能换个更好的工作吗？还是你打算一辈子当个超市收银员，一辈子因为瞧不起你接触到的男人而终身不嫁？”

我的话明显刺激到了江怡乐。

也是，她一个人在深圳，不与同学、朋友联系——怕是与父母也只是报个平安的那种交流吧？若没人点醒她，她不会明白什么叫自暴自弃。所以，我索性把话说绝了：“你看看你，你有多久没照镜子了？你说你瞧不起你在超市接触到的男人，可是你以为你还是跟周少东在一起时的你吗？你看你胖的……啧啧，土还邋遢，要我是个略有点儿品位的男人，绝不会看上你！”

“猫！你？”

“我怎么了？我说话难听了是吗？可你得承认，我说的是事实。如果你想继续过现在的日子，你就当我没说过，我也跟你说声‘对不起’。如果你不想，你就好好打起精神来，重新捡起书本，重新健身锻炼，重新打扮自己！你自己想吧，我要回酒店了。”

我离开了，没再回头。

我不知道江怡乐会以什么样的眼光看我，我也不知道她会怎样思量我说的话。只是，她在4年前找工作时就意识到自己浪费了3年，却没意识到，这些年自己也一直在浪费。

她现在开始努力，还不晚。

“江怡乐，加油。”我在心底默默地说。

人和人不一样，不存在绝对公平

圣诞节前一周，先生和几个朋友一起去咸宁泡温泉，顺便也带上了我。

咸宁离武汉不算远，车程两个小时左右，但尽管如此，我也绝对没想到在这里能够碰到认识的人。

我们一行人换好泳衣，刚进入最近的一个池子里，居然听到有个女生喊：“王阿姨，这么巧你和叔叔也来泡温泉？”

喊我“阿姨”的人非常少，一般喊我名字或“王老师”，也有喊我“猫”的，所以，我很快发现了目标，是小晴。和她在一起的还有一个我不认识的女孩，应该是她的女伴吧。

小晴是租住在我旧房子对门的邻居，虽然她喊我“阿姨”，但实际上也只小我十来岁，许是未婚的女性都对已婚妇女保持一种心理上的距离吧。

这是我前年搬家后第一次碰到她，更没想到居然是在这里。

我连忙打招呼，然后问："你怎么今天有空来泡温泉？"因为不是周末，一般上班的人是不可能在这个时间段到这来的。

"我翘了一天班。"小晴说。

"啊？"我刚要发问。她旁边的女孩插嘴道："我帮她打了电话请假了。"

我"哦"了一声看向小晴，明知这里面一定有关于任性的故事，但因为与她只是点头之交，并没打算多问。没想到，她倒是主动打开了话匣子：

"我刚进公司的时候就经常向老板请示或者要求工作，他总是说，你做好分内工作就行了。所以，我就只做分内工作了。而且，渐渐地，我发现老板是个昏庸无能的人，他只相信身边的那些会拍马屁、做表面工作的垃圾。我做得再努力、再认真、再完美也得不到表扬，功劳全都归给了别人，我却不得不屡次背黑锅。于是我就开始跟老板保持距离。但昨天老板居然跟我说什么'你做事不主动嘛'。搞笑啊！他也不想想他自己是怎么当老板的！再说了，拿多少钱做多少事，安排给我的事我都做完了，还反过来说我不主动，要怎样才算主动呢？难道要像那个小狐狸精一样没事就往老板办公室跑才叫主动吗？天知道，她跟老板是不是有一腿。"

小晴越说越激动，脸都红了，"其实我刚进公司那会儿挺勤快的，主动扫地，抹桌子，帮着复印、倒茶水什么的。可是那个狐狸精什么也不做，不是上网就是聊天，要么就往办公室跑，结果加薪升职有她没我，你说我气不气？"小晴问旁边的女伴。

她旁边的女伴有些尴尬，而我，不置可否。

先不说老板是不是真的昏庸无能，也不说小晴做事是否真的不主动，只她后面那一句，对于与上司往来过密一点儿的女同事妄加猜测，且给人打上狐狸精的标签，这样的思想就不健康。所以，我本来打算岔开话题离开的。没想到，一个我不是很熟的先生的朋友先开了腔，他姓向，我们都喊他“向总”。

向总笑了笑说：“我突然想到个笑话。”

“哦？什么笑话，快讲讲。”我也来了兴致。

“说有一个人坐飞机，同时坐飞机的还有一只乌鸦。那只乌鸦很坏，看见空姐走过去就骂：‘哎呀，这丫屁股真大。’那人一看，乐了，也跟着说：‘哎呀，这丫屁股真大。’那空姐一听，回头瞪了他一眼。没想到，那乌鸦继续说：‘哎呀，你不回头还好，你丫长得这么丑怎么当空姐的？’那人一听，嗯，是这么回事，那空姐长得确实不好看。于是也跟着说：‘哎呀，你不回头还好，你丫长得这么丑怎么当空姐的？’那空姐一听，生气了，两手一提，把那人和乌鸦都从窗户给扔出去了。结果那乌鸦在空中对那个人说：‘你丫真牛！没翅膀还这么横，悲催了吧？’”

“哈哈哈！”向总话音刚落，已经笑翻了我们一池子人。

“当然了，这只是个笑话，但它也说明了一个道理。”向总看着小晴说，“你说的那个‘狐狸精’也许拥有你没注意到的能力，做了你看不到的事情；但也许她确实如你所说，既没能力也没做什么事。但有一样你要记住，人和人是不一样的，这个社会也没有绝对的公平。就如你说的，也许她就是和老板关系不一般，是老板的亲戚、关系户，这都有可能。可是，这也正说明了她和老板有关系。而你和老板有什么关系吗？你要知道，你是老板招进去帮他做事的，他如果认定你做得不够好，那就相当于是‘最终判决’，就算你提供再多的‘人证’‘物证’，证明自己的工作做得相当出色，也无效。他将来要解聘员工，你认为他是会解聘你呢，还是你说的那个‘狐狸精’呢？”

小晴低下头，没开口。而她一旁的女伴则接话：“解聘乌鸦。”

“哈哈哈……”我们大笑起来。

“欸，我们换个池子泡吧。”先生适时地说。

“好好，换个池子。”向总率先站了起来。

咸宁温泉有很多池子，我们一个一个泡过去，没有再碰到小晴。我想，她也会刻意避开我们吧？今天向总给她上的一席课，我相信她会终身受益。

人生的路是自己走的，方向错了再难回头

那天，我去木木的服装店帮忙。

有顾客进来问一件衣服的价格，木木说“八百”，顾客问能不能便宜点儿，木木的眼泪就掉下来了，止也止不住。

吓得顾客落荒而逃。

偶尔也遇到好心的顾客，会连连说：“八百就八百，我不还价了。你别哭啊！”木木哭得更厉害。

我看她这样子，就把她推到柜台后面的椅子里，拿着贴价格用的标签枪，“啪啪啪”地在每件衣服上贴价格。——贴这玩意儿很好玩，我越贴越上瘾，不一会儿就把店里每件衣服都重新贴了一遍。

然后，我也坐到柜台后面的椅子里，拿着一杯奶茶，咬着吸管，看着木木。木木红着眼睛在发呆。

又有顾客进来，我继续坐在椅子里，端着奶茶，咬着吸管，而

木木也继续发呆。

顾客问：“老板，这件衣服怎么卖？”

木木条件反射般地回答：“八百。”

我连忙跳出去，指着衣服上的标签说：“错了错了！不是八百，是一千八。”

“可是，刚刚她明明说是八百的！”顾客不依了。

“她说错了，她现在脑子不正常。”我指着木木说。而木木还在哭，一边哭一边叫：“是八百，就是八百，强子说八百就是八百。”

强子，是木木的男朋友，一天前，他走了。

这家小店是强子和木木一起开的。几个月前，木木和强子拿着工作几年攒下的一点儿钱，又借了些，盘下了这间门店经营女装。最初，虽然赚得不多，但也勉强能维持。

可是就在生意渐渐有起色的时候，木木和强子进回来一批过于前卫的服装——就是木木现在强调“八百”的这批。服装卖不出去，成了滞销货。

没有了流动资金，而外债也没还清，他们不好意思再找人借，小店的生意一下子陷入了困境。正所谓贫贱夫妻百事哀，两个人开始了抱怨和争吵，强子说把店子盘出去，他们再去找份工作，像以前那样生活，至少没有这么大的压力。

木木不同意，她说她不想继续过那种吃不饱、饿不死却还要被别人管的生活。

争吵还在继续，小店，还在苟延残喘。但万万没想到，就在木木还在为怎么借钱交第二个半年期的房租时——也就是昨天——强子不辞而别，只给木木留了一封短信。大意是他是个没用的男人，跟他在一起不会有幸福，不想继续耽误木木的青春，让木木找一个更好的男人之类。

五年感情只剩下一封短短的信，木木怎么可能不哭。

但木木不知道，我把她所有的服装都重新标了价——在原来标价“800元”前面加了个“1”。她也没料到，借用她的眼泪，我帮她演了一出双簧。小店居然一下就引来一股抢购潮，谣传这个店的老板脑壳不正常，一千八的衣服只按八百卖。很快，小店的流动资金就有了，还赚了一笔。可是，我们都知道，木木不会去找强子；强子，也不会回来了。

这事发生在2011年。

第二年，从木木那得来消息：强子结婚了，对象是一直追求他的江兰。木木说：“江兰喜欢强子好多年，这事我也知道，但强子一直没接受她。现在，他能跟江兰结婚挺好的——江兰她爸有钱，有一家属于自己的建筑公司。”这是我最后一次听到强子的信息。

转眼3年过去，时间到了2014年。木木的小店生意越来越好，她居然靠小店挣的钱在这个城市的中心买了一套两居室。

我本来没有想到要写强子和木木的事，他们的爱情也不过是凡尘俗世中最普通的一例——不过是现实压力下的抛弃与被抛弃的俗套故事。可是，我还是决定要写下来，因为，就在前一刻钟，在我的视线里消失了三年之久的强子，刚从我这里离开，茶，还没凉透。

大概两个小时前，我在帮木木看店。外面下着小雨，店里没一个顾客，我烧了壶热水，准备泡杯咖啡，有人走了进来，居然是3年未见过的强子。

强子穿少了，嘴唇冻得发紫。进来后，没急着喝我给他泡的热茶，而是哆哆嗦嗦地从上衣口袋里掏出一样东西：“姐，你看。”

我吓了一跳，他拿给我看的居然是一本离婚证。

我说：“坐。”然后把他的离婚证接了过来放在柜台上，并将那杯热茶递到他手上。

“姐，当年是我对不起木木，其实，只要我当初想想办法，或再坚持一下，小店是可以继续经营下去的。也许，我就和木木结了婚。”强子说。

我没回答。

“去年，我来武汉出差，又找了一次木木，结果，我们又好上了。也是这次让我知道，我真的还是只爱木木一个人，而木木也还爱着我。姐，我已经对不起木木一次了，所以，我和江兰离婚了。”强子继续说。

我还是没作声。

他和木木在一年前又好上的事，我在一天前刚刚知道，是木木告诉我的。

“可是姐，你知道，离婚并不是一件简单的事。半年前，我跟江兰提过一次离婚的事，她没同意，我也就没再提。而这半年，我也没跟木木联系。但你不知道的是，我在江兰她爸的公司干了两年多，而他一直只肯让我做外围工作，不是让我查看项目，就是派我出差，真正的工作核心根本不让我接触。就在一周前，公司提拔一名副经理，居然是仅比我进公司早半年的小张。我一气之下辞了职，而跟江兰也没办法继续下去了。就这样，离了婚。”说到这里，强子喝下了一大口茶水，“姐，我并没打算让木木一直等着我，我只是想，如果她还没有男朋友，我希望我们可以重新开始。只是，我没想到昨天去找木木的时候，看到她正挽着一个男人的胳膊。听说，那男人是她生意上的朋友，还离过一次婚，有一个三岁的孩子。姐，木木为什么要和那样一个带着孩子的男人在一起？如果她能等等我，我相信我会让她幸福的。”

我静静地听强子说完，然后告诉强子：“我今天帮木木看店，是因为木木去拍婚纱照了。”

我没告诉强子，我曾碰到过江兰。江兰告诉我，她父亲之所以这两年让强子一直跑工地现场，是因为强子不是学这专业的，让他跑现场是为了让他更好地在实践中学习。而公司提拔的第二批名单上就有强子的名字，可是强子没能等到最后一刻。

我没告诉强子，木木今天根本不是去拍婚纱照，她只是进货去了。而我之所以说谎，是因为一天前木木打给我的电话。木木告诉我，一年前，她确实又和来武汉出差的强子联系上了，因为那时，她还没有放下他。只是她没想到的是，强子并不真的想和江兰离婚，他只想让自己做他的情人。当木木等了半年，发现强子口是心非之后，终于彻底清醒过来，放下强子，开始新的感情。

我没告诉强子，他现在的孤单和落寞，都是自己造成的。

人生的路是自己走的，有些错，只有知道痛了才能学会成长。强子的将来，一定还会遇到很多困难，是吸取教训挺过难关，还是一如往常半途而废，选择权，在他。

文凭如同敲门砖，好起点带来多选择

那天，一位妈妈级的文友突然在一个写作QQ群里发感慨，说孩子大了，不好管了，歪理邪说一大堆，她都说不赢孩子了。

也许是写字的人对文字都比较敏感，立即有人对“歪理邪说”四个字敏感了：“孩子的理论可不一定是歪理邪说哦，家长的理论也不一定就是正确的。”

他这话本也没错。

那个妈妈马上接上了话：“我儿子现在读高二，还不满17岁。他高一时成绩还蛮不错的，在前几名，这次考试居然掉到了三十多名，就这成绩能考上大学吗？我说他吧，他倒反驳：‘我不看重文凭，只要有能力就行了！’”

接话的那人立即回复：“你儿子说的没错啊！这怎么就是歪理邪说了？”

那个妈妈立即纠正：“我倒不是说他这话是歪理邪说，只是说他不考上大学就没有文凭，没有文凭连工作都找不到，又拿什么来证明他的能力……”

于是，一场关于是能力重要还是文凭重要的话题就此在QQ群里展开了，参与的人非常多。

有人说这社会多的是高学历的动手低能儿，看着是什么海归啊，名校啊，硕士啊，真分配给他们工作，往往还没那些有实践经验的中专生、大专生能力强。

有人说这种低能儿肯定有，但前提是你说的高学历低能儿与那些有实践经验的低学历者是拥有同一份工作的，但若再往前推一点儿呢？如果他们都还没找到工作在应聘阶段，如果你是公司老总，招一个工作岗位，对于前来应聘人的能力全无了解，你会用高学历的还是低学历的？肯定会用高学历的吧？！

他的这句段话让QQ群暂时安静了一会儿，但也只是一会儿，片刻之后又开始了辩论。

而我却突然就想到了军和蚊子。

军和蚊子是高二那年分了文理科后成为同学的，那时军是班长，蚊子是团支书。

军并不太帅气，个子也不高，但他是一个性格很好的男生，说话温柔，礼让女生，这在处处喜欢出风头的高中年纪非常少见，学习也好。也许是这些特点吸引了当时的团支书蚊子。

蚊子不算大美女，但活泼可爱，会唱歌会跳舞，学校的任何活动都少不了她的身影，在学校里有一定的知名度，成绩也不错。否则在那个一切唯成绩论的时间段里，她再有能力也当不上团支书。

蚊子被军吸引了，想要与军谈恋爱。

但恋爱和学习或者别的什么事不同，必须要对方配合才能完成，如果只是一个人努力，只能说是单恋。

蚊子主动约军看电影。在高中时代，不管是男生主动还是女生主动，只要单独约对方看电影，都是“我对你有意思，我想和你谈恋爱”的间接表达。军，不会不明白。

要说一个人的优点，在某种情况下恰好就会成为他的缺点。军那种温柔懂礼的性格本来是个招人喜欢的优点，但在对于应对蚊子的主动邀约上却变成了缺点（当然，这只是我事后猜测，也许他当时根本就不想拒绝）。军当时没有拒绝，去赴了约。

蚊子以为落花有意，流水也有情。但在接下来的日子里，军对蚊子的态度并没与以往有什么不同。这就让蚊子有些抓狂了，弄不懂军到底怎么想的。虽然她胆子大，敢主动约军看电影，但还没胆大到主动问军的地步。于是在这种患得患失的过程中，蚊子的成绩一落千丈。

可想而知，蚊子参加高考，考得一塌糊涂，靠家里出钱，读了一个自费的大专。军却考上了财大。而他们也就自然而然断了关系。

军毕业后在武汉一家银行工作，几年后又调去了成都，然后在那里安家落户。

本来我与军也好，蚊子也好，这么多年都没怎么联系过。前不久却意外地接到一个陌生来电，来电人居然是蚊子，她说她辗转了好多人才要到我的电话，求我帮忙办一件事。

武汉郊区有个碧桂园，碧桂园今年建了两所学校，分别是小学和中学，招老师。有经验的在职教师肯去当然好，没经验的师范毕业生也行，当然，非师范专业但有教师资格证的，他们也招；薪资非常高，招聘条件也相对宽松。

蚊子大专毕业后曾经在她父亲的帮助下，在一所农村小学当过几年老师，教得还不错，但因为条件艰苦还是离开了。这几年她也干了不少工作，待遇都不是特别好。所以，当碧桂园招聘老师的消息一传出来，她就开始找我，因为我有个亲戚在教育局工作。

我笑了："现在都什么时代了，人家招聘单位不管是私营还是事业单位，都靠文凭靠真本事说话了，这个忙我肯定帮不上。你好歹也有大专文凭，还当过几年老师，自己去应聘就是了啊？！"

蚊子在电话那头低声说："我没教师资格证。"

好在蚊子是个明事理的人，她也知道我说的是实话，她找我只不过是想死马当活马医碰碰运气，并没抱什么希望。这事，也就此搁下了。但我知道，她真的很想进那所学校。

放下电话的那一刻我就想起了军。据说军现在已经是行长了，有房有车，每年都会带着老婆、孩子出国旅行一两次。

我有时会想，若当年蚊子不认识军，没有那段单恋，以她当时的成绩，应该也会考上一所相当不错的学校，也许她的人生从此完全不同。我说他们的故事，倒不是想说这一段没结果的爱情，而是想说说他们经济以及社会地位的差距：一个是中产阶层，一个还在社会底层摸爬。说到底，他们现在的差距源于一个有文凭，一个没文凭，或者说，一个是好文凭，一个是差文凭。

当我把这段故事发到正争论得热火朝天的QQ群后，大家又一次安静了。

片刻之后，多了很多附和我的声音。

有人说：对对对，我同事的小孩，浙江大学毕业，在金融系统工作，第一年的薪资就高达20万。而对于普通的年轻人来说，20万的年薪怕是奋斗几年也达不到。即使终究靠能力达到了，中间奋斗的过程又是何其辛苦呢！相对于在学生时代的努力与奋斗，哪个辛苦，哪个省劲呢？所以说，有文凭而且最好是好文凭，真的很重要。

其实就文凭重要还是能力重要的辩论，不管是网上还是高校，很多。但我想说，他们的辩论都忽略了一个事实。那就是：他们单纯地认为有文凭的人没能力，而有能力的人仅仅是缺文凭。而事实真是这样吗？不是的！排除少数高学历低动手能力的人，再排除没学历兼低动手能力的人，大多数人在动手能力上其实差不太多。

那么问题来了，在这种前提下，如果有两个工作人员，一个是对口专业高学历，一个是非本专业低学历，他们在接受这份工作上的能力谁更占优势呢？结果不言自明，肯定是对口专业的高学历人员相对来说接受新工作的能力会更强。

同样，在这种前提下，作为去应聘的新人，一个是拥有对口专业的高学历者，一个是低学历者，应聘岗位相同的话，老板会录用谁呢？答案不言自明。

所以，我个人认为如果你不能马上证明自己有高人一头的能力（有些行业还是能力重要的，比如表演、歌唱等，但这毕竟是少数），还是需要正视文凭的重要性。因为首先你得用文凭这块敲门砖敲开你工作的大门，才能得到展现你能力的机会。否则，你空有一身能力，别人看都看不到的话，连机会都不会给你！没有平台，你如何一展身手？

没有一蹴而就，坚持才能见最美星光

我有一个朋友，比较特立独行，说话直，偏又长了一双能洞察一切的眼睛——能看穿别人微笑掩盖下的所有虚伪。若他仅仅是看穿也就罢了，偏偏又热衷拆穿。也正是这样，他不知得罪了多少人——没得罪的，也不会喜欢他，离他远远的。

而他在面对我善意的劝告时总是说："我又不是造谣诬蔑，为啥我说真话让人讨厌，说假话的人倒处处讨人喜欢？你们不喜欢我没关系，但我既然没做亏心事，我为什么要为了讨好你们而改变我自己？你们不也说这世界太虚伪，不也说活得太假而觉得累吗？既然如此，你们不坚持做自己也就罢了，为什么又来劝我不做我自己？如果我在乎世人对我的看法，如果我需要大家都来喜欢我，那我自然会尽量改变成你们喜欢的样子，但既然我压根不在乎你们是否喜欢我，怎么看我，我为什么又要改变自己呢？"

对于他的长篇大论，我虽然总觉得哪里有点儿不对劲，但一时找不出反驳的话。

他说他朋友不多，我算是其中的一个。因为我是个对于他当面指出我的各种虚伪与矫情，虽然当时会生气，但事后会原谅他的人。

他说他不喜欢工作，他说他的梦想是发大财，然后游遍全中国——世界也尽量多去游几个地方。他说，他说的不工作，不是不劳作，而是不想做那种朝九晚五受人管的工作。

我说，好吧好吧，只要你能养活自己，只要你的父母没什么反对意见，我还能说什么。

他说，你等着吧，我将来会发大财的，等我发财了请你一家去夏威夷，费用我全包了。

我说，好吧好吧，你赶紧发财，我等着免费去夏威夷呢。

他说，你这话说得讽刺意味太浓，发财也祝得言不由衷。

我说，你又来了，也不是完全讽刺，也不是完全言不由衷。你若能发财，我当然会替你高兴，我只是不太相信你能发大财。当然，也不是不相信你能发财，而是发到什么程度，所以才祝你赶紧发财。

他哈哈大笑说，你颇有点儿我的风范，说话也是这么直。

我也笑道，见什么人说什么话呗！

他笑得更厉害了，好，等我发大财了，一定请你。

以上这些对话发生在若干年前，彼时他刚刚辞了一份薪水不错的工作，女朋友跟他分了手。据他说，女朋友跟他分手的原因也是因为他拆穿了她的虚伪。

他说他半夜里肚子突然莫名地疼了起来，打电话给女友，女友只是在电话里询问了几句诸如“严不严重”“要不要紧”“要不然我过来陪你去医院”之类的话。

“从一个人的语气其实是可以判断出他（她）说话的真诚度的。她说那些话完全是出于她是我女朋友的身份，而不得不假装关心，其实她压根儿就不想过来。不过来就不过来吧，第二天还假惺惺拎了粥过来，问我好些了没。我当时就说她虚伪，她就生气了。然后，就分手了呗。”

他说得轻描淡写，但是，我看到他眼眶红了。我总不能也学他一样，拆穿他此刻的假装坚强。其实我真想说，人生存在这个社会，有些虚伪是真的必要的，诸如此刻，我如果也去拆穿他，他会作何感想？但我知道此刻不是时机，只好说了些安慰他的话，诸如“天涯何处无芳草”什么的。——那些话，找到时机再说。

可是，我一直没找到时机，他第二天就动身去了西藏，归期不详。因为他说他可能会在西藏待一到两个月，然后去云南、四川……反正啥时觉得想回来了，才会回来。

转眼过去了多久？我并未计算。只是某天，我突然接到他的邀请，说他回来了，开了一家专卖汉服的小店，小店离我这里不算远，邀请我有空过去坐。

他的小店开在一条我记不住名字的小街上，有一定的人流量，但并不多。

我说，你把店开在这儿，会有生意吗？

他说，这小店不是开给流动客户的，主要是开给知道这小店的人。他说他在“游走江湖”时（嗯，他很喜欢用这四个字），认识了很多朋友。有一次，他应邀参加了一个外国朋友组织的民族文化活动。结果人家英国人穿苏格兰民族服装、日本人穿和服、韩国人穿韩服，而我们中国人，男的穿着西服，女人则穿着大街上买的各色裙子——讲究点儿的男人、女人也不过是穿中山服、小礼服罢了，可这些，跟中国民族文化完全不搭界啊。于是，他就想到了做汉服。

“这几年也有些年轻人支持汉服，有些人还自制了汉服挂在网上，我最近也在自学服装设计和裁剪。我目前可以找人代做服装，要不了多久我就会自己做呢！”他越说越兴奋。

“嗯，能够踏踏实实做件实事也挺好的，至少，你朝你发财的梦迈了一步。只是，期望越高，失望也越大，毕竟这是小众生意，想发财，还是有难度的。”说实话，我对他这生意多少有些担忧的，所以也不忘提前敲打一下他。

“没关系，失败是成功的妈妈嘛！我也知道这汉服的前期生意不会太好的，但我有信心它将来会越来越好。”

我除了支持，还是支持。

为了生存，大家都在各自忙碌，而我，也不是喜欢主动联络感情的人，所以，一转眼就过去了一两个月。那天我在家看一档娱乐节目，有个男扮女装的小伙子穿着一身戏服上了台，然后他告诉主持人，他那不叫戏服，是汉族的传统服装——汉服。然后还不忘发挥了一句：“唉，身为汉族人，居然不认识自己的民族服装……”

台上台下自然哗然了一会儿，主持人也自然借机宣扬了一下中华传统文化。而我，第一时间就想到了他，立即打电话过去，想问一下他生意怎么样了。

电话那端的他，有些提不起精神。他告诉我，小店开业到现在，只有几个他在游走江湖时期认识的，也是支持他开汉服服饰店的朋友，以支持性质从他那买了几件汉服。而不认识的人，不管是网上还是实体店，他都还没有卖出去一件。

“不过，”他话锋一转，“不过这段没生意的时间，我倒是专心学习了裁剪和设计。其实，在书本上学10年，也不如动手操作一两天。我在浪费了好几匹布料后，现在不管是裁剪还是缝制，都有模有样了哦。如果你来，我帮你量身定做一件。”

我在电话这头“好哇好哇”地叫，其实我知道，出于朋友道义，我也许会花钱让他帮我做一套汉服，但我想我还真没勇气穿出去——即使它是我们的传统服装。幸好他不在我面前，否则又要当面拆穿我的虚伪了。

又过了几天，我翻报纸，一眼看到了标题处加黑的“汉服”两个大字。原标题是——《小伙不惧世人异样眼光，穿汉服替自己代言》，下面还配有照片。照片上的男子穿着一身长袍伫立于公交站台，显得那么打眼。他，居然就是我那位朋友！

我连忙再看下面的记者手记：小伙为宣传民族文化，穿自己裁剪设计并制作的汉服出街。只是尴尬的是，路人不识汉服，有的人以为是戏服，有的以为是和服，当然，更多的人是认为小伙子在炒作自己……最后，记者在收尾处对汉服做了一个小小的科普：汉服并非汉朝人的服装，而是汉族人的服装。虽经历代变革，但其精髓不变，飘逸灵动，端庄秀丽，有垂坠之感，显华美气质。清兵入关后，令汉人改服易发，汉服在外力的强制下，退出历史舞台。近现代以来，西风东渐，汉服更成了一种尘封的历史记忆……

我再一次拿起了电话，确认了一下报纸上的人是不是他。当知道确实是他后，我问他，那你的生意有没有因此而发生什么改变？

他依然沮丧地说："打电话过来问这问那的不少，但真正下单定制的还一个没有。"

我沉默了许久，然后问："那……你还继续做吗？"

"做，怎么不做？我在开这小店之前就知道不会那么顺利的，但没有什么事是一蹴而就的，对吧？只有坚持，才能见最美星光！我会坚持到兜里没有一分钱的那一刻。"他说得斩钉截铁。

"好，我口头支持你！"

"哈哈哈……"他在电话那端又笑了，"挺喜欢你这样的。行了，等我有了真正的第一单生意后，我会第一时间告诉你的。"

"嗯嗯嗯，等你的好消息。"

这一次，他的消息居然来得非常快，第二天傍晚他的电话就过来了："好消息好消息啊！我穿汉服的那个新闻被一个台湾人看到了，他说他的老母亲要做90大寿，他们正为怎样举办这次寿诞着急呢！看到了我的新闻后，就想找我定做他们全家人的汉服。你知道吗？他们全家人老老少少居然有33人之多呢！我得赶紧招两个熟手开始赶工了！”

他的这单生意完成得非常好，台湾那边的反馈也很好。而第一次以花边新闻的意味报道过他事迹的报纸，又一次以正式采访的形式报道了他一次。自那之后，他的汉服被更多人知道，定制的人也越来越多。虽然，定汉服的多以海外华人和台湾同胞居多，但他相信，总有一天，我们普通市民也能以穿上他设计制作出来的汉服为荣的。

我说：“我愿意相信你的相信，你的坚持确实让你看到了星光，这种坚持是所有人都应该向你学习的。但有些坚持，我觉得是没必要的，甚至是应该放弃的。诸如，坚持爱一个不该爱的人，坚持走在一条错误的道路上，坚持一个不太讨好人的性格……”

“打住，我知道你想说什么。”他敏感地阻止了我。

我笑：“你知道就最好了，你说你女朋友一大早拎着粥来看你，你却说人家虚伪，你认为你这是性格，姑且不论她是否真虚伪，但你这样做对吗？有人情味吗？”

“其实，这些年，我也知道我坚持凡事都拆穿的行为不好，这社会并非简单的非黑即白，有些灰色地带的存在是必然的。而我那天之所以那样说，是因为我知道她早就想跟我分手了，只是找不到合适的理由，所以，我不过是给了她一个分手的借口。”

坚持，可以让你笑到最后；放弃，可以让你有更好选择。如果随着你的努力，你一步步在朝目标前进，那就该坚持；如果只是单方面付出而看不到希望，那就果断止损。人成熟的标志，就是懂得什么时候该坚持，什么时候该放弃。

其实没那么难，突破就会有提升

我曾经有一个无比灰暗的青春期，原因是我把我长成了一个胖子。

我发胖的时候大概在高一下学期，可能是大脑让我的身体停止了向上长的趋势，但它的生长机能却还在蓬勃发展，于是我的身体就不情不愿地横向发展。

不是那种巨大的胖子，是那种很敦实的胖子，如一个看门小狮子一样，往哪一站都有存在感。

偏偏，那个时候正是我的花样年纪。

偏偏，爱美是那个年纪的首要话题。

于是我毫无悬念地加入了减肥的大军。每一个想减肥的胖子做的第一件事，就是节食。

我试着一天不吃饭，只吃一个苹果。可是还没有坚持到第三餐，在下午的体育课上我差点儿没晕倒在地。

放学后我都不知道自己是怎么走回家的。当晚饭端上桌的时候，我连吃了三大碗米饭，喝下一大锅汤，看得我爸妈瞠目结舌，仿佛在看一个从饿牢里放出来的暴食症患者。

减肥的第二个步骤是锻炼。我坚持了五天。五天后是周末，当我知道在这天我可以自由地睡觉时，就再也不理会闹钟催我起床的吵闹了——我差点儿没把它的发条给拧断。从此，我心不甘情不愿但也无可奈何地过着我是胖子的人生。

直到我遇到林妈。

林妈是我刚拥有第一份工作时认识的同事，我已经记不清她的具体年纪了，当时她也许三十多岁，也许四十多岁。“林妈”这个称号怎么来的我不知道，我只知道大家都叫她“林妈”，我也就跟着叫了。

彼时我还没正式毕业，那份工作我只干了不到半年就离开了，但那份工作让我认识了一个让我记忆一生的人，就是林妈。

那是一家餐饮公司，老板是一个香港人。那家公司的经营模式在当时的武汉是非常先进的，分为经营层和管理层两个大的部门。经营层就是餐馆面向顾客的一部分，管理层与顾客并不直接打交道，说白了，就是坐办公室的——嗯，确切地说是坐写字楼的。

我当时的工作岗位是文员，林妈是负责采购的，我已经想不起来她到底是正部长还是副部长了，总之是个小领导。

时间长一点儿后，我发现一个现象，林妈从来不吃公司的工作餐。

那时公司的员工每天都有在公司餐馆吃一顿工作餐的福利，凭票领取。所以一到工作餐时间，写字楼的人都会聚到餐馆的一角，一边吃，一边聊些闲话。

那家餐馆的定位在当时属于高档快餐。我犹记得自己当时的工资只有300元。当然，林妈的工资比我高许多，有800元，但那时餐馆的一份最普通的快餐是25元。这个价位相对于当时的大众薪资水平来说相当高了，而我们的工作餐是可以正规出售的那种。

因为林妈的工作与我接触并不是特别多，再加上我对认人方面有一点儿迟钝，所以等我注意到林妈从来不与我们一起吃工作餐的时候，已经是上班一个多月之后的事了。

周潮是一个比我大4岁的年轻人，只比我早三个月进公司，加上我的工作与他有直接的接触，所以我与他的关系就比别人要熟一些。

我问周潮为什么从来没看到林妈与我们一起吃工作餐。

周潮想了想说："据说她家庭条件很不好，老公下岗了，在外面打零工，一个月收入可能跟你拿的差不多，还有两个孩子，两个婆婆。"

"可是这跟她不吃工作餐有什么关系？"我不解地问。

周潮张了张嘴，欲言又止，最后他耸了耸肩："我也不是很清楚。"

我气得白了他一眼："那你刚才说她有两个婆婆是什么意思？"

"嗯，她是二婚。前夫在外面有女人，携了款跟那女人一起跑了，后来被抓了，判了10年。她也就跟他前夫离了婚，孩子自然是她带着。可是没想到他前夫居然就生病死了，然后他那腿有残疾的寡母就没人照顾了。其实林妈的前夫还有一个姐姐，也就是林妈的大姑子，嫁到了长沙，但她完全不管自己妈的死活。林妈心善，不忍心看着老人饿死，就又回去照顾前婆婆。她刚离婚那会儿还挺年轻，人长得也漂亮，又有本事，所以当时好多人不介意她有个孩子，想跟她重组家庭的。但当听说她还要管那个残疾的前婆婆后，那些人都吓跑了。她就一个人养活一家三口。好多人都劝她不要管她的前婆婆了，说人家自己的亲生女儿都不管，你凭什么管？可是林妈顶住了这些劝说，坚持了下来。后来遇到了现在的老公，据说他大林妈将近20岁，是一个下岗工人，没什么能耐，但心地善良，肯接受林妈带着孩子和前婆婆嫁给他，所以……”周潮又耸了一下肩。

我没想到平时看起来总是一脸严肃的林妈，居然是这样一个善良的女人。但我也就更想不通她为什么不吃我们公司的工作餐了——她经济负担那么重，按道理，这样一个拥有传统美德的女人，为了省钱，即使是自己不太喜欢吃的餐也会吃啊，何况，我们餐馆的餐很好吃。

我没想到谜底的揭开是在我与周潮的这次对话后的第二天。

揭开谜底的是餐馆的主厨。

主厨是一个三十多岁的年轻人，长得还有点儿帅。他虽然是武汉本地人，但之前一直在香港工作，这次老板到武汉投资做餐饮，特意把他从香港带过来，而且，他拿的是香港标准的工资，有6000元人民币。这个数字不知道惊吓了多少人，当然，也吸引了很多贪财的小姑娘。我想，这位主厨也是知道自己的优越性的，所以，每到我们用餐的时间，他都会在大堂里转悠，暗自享受那些小姑娘们各有目的的目光。

我们用餐的时间当然是错开餐馆的高峰期的，但也总还是有些客人的。

那天，不知怎么的，主厨站在一位顾客面前大声说着什么。

顾客是一个年轻的姑娘，20岁左右。

那姑娘站在座位前，面对着主厨，低着头。

我们都很奇怪，不知道发生了什么。

公司对员工的要求是：任何情况下都要顾客至上，无论顾客是对是错，都不能与顾客争吵，一旦发生争吵，严重处理。

这是怎么回事呢？

大家都伸长了脖子往那边看，却没一个人敢走近问个究竟。

不一会儿，林妈匆匆地赶到了主厨面前。虽然我们听不清她在说什么，但她的态度告诉我们，她似乎在道歉，而主厨似乎并没有原谅她的意思，又大声说了些什么后，然后他带着林妈，还有那个年轻女孩一起朝老板的办公室走去。

等他们一离开，我们立即炸了锅，飞快地跑到刚才的事发地点，问离那里最近的服务员是怎么一回事。

服务员说那个年轻女孩是林妈的继女，那女孩吃的餐是林妈的工作餐。

服务员说那个主厨注意这个姑娘有些日子了。为什么这姑娘每天都在这里吃饭，为什么每天吃的都跟我们的工作餐一样。刚开始他还怀疑是我们写字楼的员工，后来经过观察，发现她不是。然后今天姑娘拿着我们员工用的餐票去领餐的时候，被主厨发现了问题——这餐票是林妈给她的。

主厨当然认识林妈，他们是接触最多也是最直接的人，然后这位主厨很快就想明白了是怎么回事。

公司有明文规定，工作餐只能给工作人员享用。

我没想到林妈因为这件不算多大的小事，竟然辞职了。

虽然我跟林妈并不熟，我猜她可能都不认识我，但谁让我刚刚听完周潮讲过她的事迹呢？那份崇敬激动之情还没有散去，于是我跑到正在收拾东西的林妈面前，问她，难道就因为这点儿小事而被炒了吗？

林妈说当然不是这点儿小事，公司虽然有工作餐不许给外人用的规定，但还不至于为了这件事就炒了公司的一个管理人员。她纠正我说自己不是被炒，而是主动辞职，因为主厨。

后来我弄清了林妈主动辞职的原委：当时采购部有两个负责人，一正一副，我真的记不清林妈是正还是副了，反正另外一个负责人是那位主厨的亲戚——他们想在采购这件事上弄点儿猫腻，但被林妈坏了几次好事，有一次还抓了个现行。可能一是觉得林妈碍事，二是怕林妈揭发吧，这位主厨借林妈把工作餐让给自己女儿吃的理由，倒打一耙，把采购部某些扯不清的账栽到了林妈头上。而那位老板因为觉得主厨是自己带过来的人的原因吧，虽然也没说一定相信主厨的话，但还是给林妈做了调岗处理。

“这不是明显怀疑我有猫腻吗？我坚持不调岗，如果让我调岗我就辞职。有些事能忍，有些事不能忍。其实在这之前，他（主厨）就给我找了不少麻烦，但因为我怕失业，所以一直选择隐忍。我怕失去这份工作后，很难再找到这么高工资的工作了，家庭会陷入困境。但这一次，我不能任由他们侮辱我的人格。”

可能是因为要走了吧，也可能是心里真的委屈，还有可能因为我是唯一对的她离职表示惋惜的人吧，她还跟我讲了很多做人的道理。但让我记忆最深的就是：有所选择有所放弃，有所畏惧有所突破。

现如今，我也是有家庭的人了，我知道一个家庭的开销有多大，一个母亲的责任有多重。对于当时的林妈来说，辞职，是一件多么勇敢的事；对于她来说，也是多么大的一次突破，那是一次艰难的心理挣扎。那比取得一个几级证书，出一本书，甚至攻克某一个技术难题要难得多，因为心理上的突破远比行动上的突破要难。

当然，林妈的话虽然给了我很大触动，也让我学会了很多做人的道理，但这还不是我减肥的最大动力。

我减肥是缘于一个陌生人的不尊重。我去买衣服，当我对营业员说把某件衣服拿给我试一下的时候，营业员用轻蔑的眼神瞟了我一眼，说：“没你穿的型号。”那眼神，那语气，深深地刺痛了我。我下狠心，一定减肥成功。

减肥过程中，每当我快坚持不下去的时候，总会有人对我说："别减了，你这不是普通的肥胖，而是结实，这种体型最难减了。"那个时候，我就会想起林妈，更会想起那个营业员对待我的那种眼神，那种语气。我逼迫自己继续坚持。

现在，我一直保持着标准的体型，每每想起那段减肥的时光，都会觉得，其实有些事真的没那么难，只要突破自己心里那道坎，就不难心想事成。